ISBN 978-3-662-23748-9   ISBN 978-3-662-25847-7 (eBook)
DOI 10.1007/978-3-662-25847-7

X. Entwicklung und Konstruktion der Unterseeboots-Sehrohre.

Vorgetragen von Dr. F. Weidert - Berlin.

Aus mehr oder weniger unklaren, zum Teil phantastischen Berichten läßt sich entnehmen, daß unterseeische Operationen schon in den ersten Jahrhunderten unserer Zeitrechnung, ja sogar schon in den Kriegen Alexanders des Großen ausgeführt wurden[1]; als Erbauer des ersten fahrenden Unterseebootes wird jedoch erst Cornelius van Drebel, ein Deutscher, um 1620 angesehen, der während mehrerer Stunden ein Boot durch Rudermannschaften unter Wasser fortbewegt haben soll[2]. Was aber noch bis zum Ende des 19. Jahrhunderts allgemeinen Zweifeln begegnete, wurde endlich im letzten Jahrzehnt unter dem Druck moderner Kriegstechnik zur Wirklichkeit, die Schaffung eines für die Kriegsmarine als Waffe durchaus brauchbaren Unterseeboots.

Wenn nun die Vervollkommnung der Unterseeboote früher so geringe Fortschritte machte, obgleich kein Mangel an Unternehmungsgeist vorlag und insbesondere England und Frankreich in steter Konkurrenz standen, so lag es zum großen Teil auch daran, daß der praktischen Verwendung von Unterseebooten ein anscheinend unüberwindliches Hindernis in ihrem mangelnden Sehvermögen entgegenstand. Das Unterseeboot ist im wesentlichen eine Angriffswaffe. Selbst schwach und leicht zerstörbar, liegt seine größte Stärke in der Unsichtbarkeit, und seine Leistungsfähigkeit ist abhängig von der scharfen Beobachtung des Gegners, auf den es sein Geschoß richten will.

Als bereits andere hauptsächliche Forderungen, wie z. B. das Tauchproblem, ferner die Bedingung, das Boot unter Wasser in der verlangten Tiefenlage zu halten und ihm eine konstante Bewegungsrichtung zu geben, vor allem auch das Respirationsproblem schon gegen Ende des 18. Jahrhunderts im Prinzip als gelöst angesehen

---

[1] Maurice Delpeuch, La Navigation Sous-marine à travers les Siècles. Paris 1902.
[2] Alan H. Burgoyne, Submarine Navigation past and present. London 1903.

werden konnten, hatte das Orientierungsvermögen noch keinerlei technische Fortschritte gemacht. Gewiß war damals die Feuertechnik der Kriegsschiffe gegen heute noch weit zurück und damit die Gefahr für das zum Teil sichtbare Unterseeboot geringer; wenn man aber aus jenen Zeiten kaum etwas über erfolgreiche Unterwasserangriffe hört, so lag es daran, daß das unsichtbare aber zielsichere Herankommen mit Schwierigkeiten verbunden war. Man besaß noch nicht das weittragende Torpedogeschoß von heute, sondern mußte eine Sprengladung direkt dem Schiffskörper anlegen. Man mußte sich damit begnügen, einen turmartigen Aufsatz, der ja auch heute bei allen Unterseebooten vorhanden ist, mit Fenstern zu versehen, die nach allen Seiten Ausblick gestatteten. Auf diese Weise, nur eine kleine Kuppel über Wasser zeigend, suchte sich das Boot dem feindlichen Schiff zu nähern und dann untertauchend seinen Angriff sozusagen mit verbundenen Augen unter Wasser fortzusetzen. Bei der heutigen Entwicklung der Schußwaffen, insbesondere der Schnellfeuergeschütze, wäre ein solches Unterseeboot, das sich näher als auf etwa eine Seemeile an den Feind heranwagen würde, als verloren anzusehen, ehe es noch zum Angriff übergehen könnte.

Um dem Feinde eine möglichst geringe und schnell verschwindende Zielfläche zu geben, machte C. H. Homan eine Erfindung[1]), die darauf beruhte, daß er auf seinem Unterseeboot ein oben geschlossenes, mit Fenstern versehenes Rohr anbringen wollte, in welchem ein Mann stehend den Horizont beobachten könne. Die Hauptsache war dabei, daß das Rohr beim Angriff schnell in horizontale Lage gebracht und so samt dem Boot durch Untertauchen unsichtbar gemacht werden sollte. Es wird noch darauf hingewiesen, daß man auch eine Kamera und Linsen in das Rohr einbauen und auf diese Weise indirekt beobachten könne. Zu einer praktischen Ausführung scheint diese sonderbare Konstruktion nicht gekommen zu sein.

In der Folge tritt das Bestreben auf, Sehrohre von möglichst geringem Durchmesser und einer Länge zu verwenden, die den Unterseebooten ein tieferes Untertauchen ermöglicht. Nach der Erfindung von Marié Davy (1854), mittels zweier Planspiegel, die an beiden Enden eines vertikalen Rohres angebracht waren, das zu beobachtende Ziel vom Innern des Unterseebootes aus sichtbar zu machen, konnte dem Rohr zwar ein geringerer Durchmesser gegeben werden, es fand dies jedoch seine Grenze an der damit verbundenen Beschränkung des Gesichtsfeldes, das gerade für Unterseebootszwecke möglichst groß bemessen werden muß.

Sämtliche bis zum Anfang des neuen Jahrhunderts erfundenen Seheinrichtungen für Unterseeboote konnten das Vorurteil gegen das „blinde"

---

[1]) Burgoyne, Submarine Navigation etc. S. 208.

Unterseeboot nicht verringern, so daß man noch 1902 die Ansicht aussprechen konnte [1]), „daß das mit Blindheit geschlagene Unterseeboot ewig blind bleiben und deshalb auch die große Aufgabe niemals zur vollen Zufriedenheit lösen wird". Ebenso pessimistisch äußerte man sich auch in Amerika in einer Besprechung der bisherigen Konstruktionen von Sehrohren [2]), die von französischer Seite bei dürftiger Beschreibung zum Teil als brauchbar rühmend erwähnt werden. Es ist bekannt, daß auf dem ganzen Gebiet des Unterseebootwesens bis 1904 auch hinsichtlich der verwendeten Sehvorrichtungen bis ins kleinste strenge Geheimhaltung beobachtet wurde. Einerseits wird über vereinzelte günstig verlaufene Manöver berichtet, während anderseits zahlreiche Unglücksfälle, die auf mangelndes Funktionieren der Sehapparate zurückzuführen sind, die skeptischen Ansichten über die optischen Hilfsmittel berechtigt erscheinen lassen [3]). Wenn es beispielsweise dem französischen Unterseeboot „Corrigan" 1903 gelungen sein soll, in untergetauchtem Zustande in den Hafen von Bizerta einzulaufen und mit Hilfe des Sehrohrs an angegebener Stelle wieder aufzutauchen, so ist das in bekanntem Gewässer keine allzu schwierige Aufgabe. Bemerkenswerter ist dagegen schon der Bericht über ein von dem französischen Unterseeboot „Anguille" ausgeführtes Manöver [4]), welches darin bestand, daß das Boot in 12 m Tiefe tauchend unter einer Torpedobootflotille hindurchfuhr, unmittelbar darauf sein Sehrohr zeigte und wieder einzog, noch ehe das Feuer der scharf beobachtenden Schiffe darauf eröffnet werden konnte.

Der gesamte Aufschwung des Unterseebootswesens setzte gegen das Jahr 1906 ein und brachte auch hinsichtlich der Sehvorrichtungen so bedeutende Vervollkommnungen, daß eine große Zahl der bis dahin noch hervorgehobenen Fehler [5]) als beseitigt angesehen werden konnte. Größtmögliche Ausdehnung des Gesichtsfeldes, Schärfe und Helligkeit der Bilder, Bequemlichkeit der Beobachtung und der Einbau von Vorrichtungen zur Entfernungsmessung sind Errungenschaften der Jahre, in denen sich neben den bis dahin führenden Marinen Frankreichs und Englands auch die anderen Nationen intensiver Arbeit an der Einführung von Unterseebooten hingaben. Mit den rein optischen Verbesserungen der Sehvorrichtungen [6]) gehen die der mechanischen Einrichtungen Hand in Hand, die ja für das Aus- und Einfahren der Sehrohre, das schnelle Überblicken des Horizonts,

---

[1]) Nauticusschriften, 1902, S. 75 ff.
[2]) Scientific American, 1902, S. 18.
[3]) Nauticusschriften, 1902, S. 125 ff.
[4]) Mitteilungen a. d. Gebiete d. Seewesens, Pola 1906, S. 898.
[5]) Nauticusschriften, 1904, S. 126.
[6]) Nauticusschriften, 1908, S. 208.

den Wechsel der Beobachtungsarten u. a. m. von hoher Wichtigkeit sind. Zwar lassen sich äußere Einflüsse, die das Sehen erschweren, wie Vibrationen des Bootes und des Sehrohres bei der Fahrt, zeitweises Naßwerden der äußeren Eintrittsprismen oder Abschlußgläser u. dgl. nicht ganz beseitigen, aber doch durch geeignete Vorrichtungen mildern. Mag man auch die noch vor zehn Jahren voll berechtigte Ansicht, daß das direkte Sehen im Unterseeboot die beste Orientierung sei, bestehen lassen, so ist doch das eine sicher, daß ein erfolgreicher Unterwasserangriff ohne modernes Sehrohr heute undenkbar wäre.

Als im August 1906 das erste Unterseeboot für die deutsche Marine auf der Germaniawerft in Kiel vom Stapel lief, konnte dasselbe schon mit ziemlich vollkommenen Sehrohren ausgerüstet werden. Das Sehrohr als integrierender Bestandteil des modernen Unterseebootes hat seitdem Eingang in alle Marinen gefunden und ein neues wichtiges Arbeitsgebiet der optischen Industrie geschaffen, die heute ständig bemüht ist, immer neue Verbesserungen herauszuarbeiten. Was hier bereits in der kurzen Entwicklungszeit von zehn Jahren geleistet werden konnte, zeigt ein Überblick über die im folgenden zu beschreibenden Konstruktionen, wenn auch manches Interessante aus Gründen der Geheimhaltung verschwiegen bleiben mußte.

Gerade die deutsche optische Industrie hat sich erst spät mit dem Sehrohrproblem befaßt, kann aber dafür jetzt mit Stolz von sich behaupten, daß sie den Vorsprung des Auslandes weit mehr als eingeholt hat. Dies zeigt sich besonders darin, daß die ersten auf Sehrohre bezüglichen Patente ausschließlich von ausländischen Firmen herrührten, während die wertvolleren modernen Konstruktionen fast durchweg deutschen Firmen geschützt sind.

Ich möchte noch bemerken, daß ich mich bemüht habe, möglichst alle wichtigeren, hier in Betracht kommenden Patente zu berücksichtigen, zumal eine etwas eingehendere zusammenfassende Bearbeitung der Unterseeboots-Sehrohre in der Literatur bisher noch nicht existierte. Ich glaube deswegen auch, obgleich das gestellte Thema im Rahmen dieses Jahrbuchs nur in großen Zügen behandelt werden konnte, wenigstens eine momentane Lücke ausgefüllt zu haben, soweit dies bei der rasch vorwärts schreitenden Entwicklung dieses Zweiges der Optik möglich war.

A. Einfache Sehrohre.

1. Sehrohre ohne Linsen.
Die einfachste Form eines Sehrohrs besteht aus einer Röhre, an deren beiden Enden oben und unten je ein unter $45°$ geneigter Planspiegel S_1 bezw. S_2 angebracht ist (Fig. 1). Es war für die erste Zeit des Unterseebootwesens nur natürlich, daß man die erforderlichen Sehrohre zunächst

nach diesem einfachsten Prinzip baute. Eine derartige Form hatte z. B. das von Marié Davy 1854 bei seinem Unterseeboot eingebaute Instrument.

Als die Unterseebootsfrage brennender wurde und man infolgedessen auch den Sehrohren größere Aufmerksamkeit widmete, hat man diese Spiegel allgemein

Moderne Sehrohre.

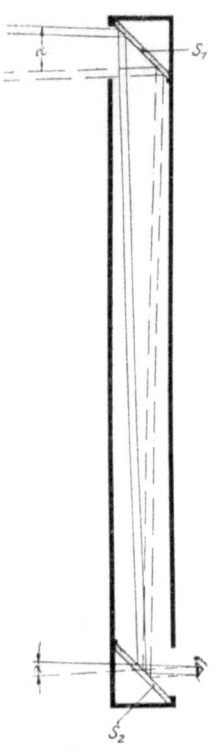

„Tube optique" mit zwei Planspiegeln.

Fig. 1.

Fig. 2.

durch die weit vollkommneren totalreflektierenden Prismen ersetzt. Als sogenannte „Tube optique" wurde diese Konstruktion in der Folgezeit häufiger benutzt. So 1872 von Daudenard (Prismoskop), 1884 von Drzewiecki usw.

Derartige Instrumente haben nun zwar den Vorzug größter Einfachheit, aber dafür den schwerwiegenden Nachteil, daß man sie, um ein genügendes Gesichtsfeld zu erhalten, sehr dick und sehr kurz halten muß. So waren diese alten einfachen Sehrohre gewöhnlich weniger als 1000 mm lang bei 300 mm Durchmesser. Dementsprechend betrug das Gesichtsfeld gewöhnlich nur 10—12°, häufig noch weniger.

Da nämlich die beiden Spiegel bzw. Prismen nichts anderes als nur eine Knickung des Strahlenganges bewirken, so ist der Gesichtsfeldwinkel α derselbe, den man erhalten würde, wenn man durch ein entsprechend langes Rohr mit bloßem Auge hindurchsieht. Das Gesichtsfeld wird nämlich dann begrenzt durch die beiden Strahlenbündel, die man von der Pupille des Auges nach den Rändern der Eintrittsöffnung der Röhre sich gezogen denken kann. Was für Dimensionen aber heutzutage von einem modernen Sehrohr verlangt werden müssen, zeigt ein Blick auf Fig. 2, in der Sehrohre von 5 bis zu 7 m Länge abgebildet sind. Hätte die Röhre z. B. auch nur eine Länge von 5 m und einen lichten Durchmesser von 130 mm, so betrüge das Gesichtsfeld nur etwa $1\frac{1}{2}°$, d. h. auf 1000 m Entfernung könnte man einen Geländeabschnitt von nur 26 m Breite überblicken. Zudem würde es auch einen empfindlichen Mangel bedeuten, daß das beobachtete Objekt dem Auge ohne jede Vergrößerung dargeboten wird. Dieser letztere Mangel ist nun leicht durch den Einbau eines Fernrohres in die beschriebene Beobachtungsröhre zu beseitigen.

2. Polemoskop von Hevelius. Die älteste bekannte Form eines solchen doppelt geknickten Fernrohrs zum Beobachten aus gedeckter Stellung rührt von dem Danziger Astronomen Johannes Hevelius (1611—1687) her und ist von ihm in seiner „Selenographia" ausführlich beschrieben [1]. Er beginnt mit den Worten[2]: „Porro ad quartum Tuborum genus me converto, quod Polemoscopium voco, quoniam id convenientissime tempore belli, tum ab obsidentibus, tum obsessis, usurpari potest. Hoc instrumentum Opticum ipsemet Anno 1637 excogitavi et adornavi, neque credo ante illud tempus (quod citra jactantiam dictum velim) unquam fuisse conspectum, aut ab ullo compositum".

Interessant ist hierbei, daß Hevelius schon damals an eine militärische Verwendung des Instruments dachte, und ihm dementsprechend den Namen Polemoskop gab.

[1] Johannes Hevelii Selenographia. Danzig 1647. S. 24—31.
[2] Übersetzung dieser Stelle: „Nunmehr wende ich mich der vierten Art der Sehrohre zu, die ich Polemoskop (wörtlich: Feind-Seher) nenne, weil es sich am vorzüglichsten zum Gebrauch in Kriegszeiten eignet und zwar sowohl für Belagerer wie für Belagerte. Dies optische Instrument habe ich selbst im Jahre 1637 erdacht und konstruiert und glaube nicht, daß es je zuvor (wie ich wohl, ohne mich zu rühmen, sagen kann) gesehen oder hergestellt ward".

Die Konstruktion seines Polemoskops ist aus Fig. 3, die dem Heveliusschen Werke entnommen ist, leicht zu ersehen. Man kann es sich aus der obigen einfachen Beobachtungsröhre durch Einfügung zweier Linsen, die als Galileisches

"**Polemoskop**" (aus Hevelius, Selenographia).

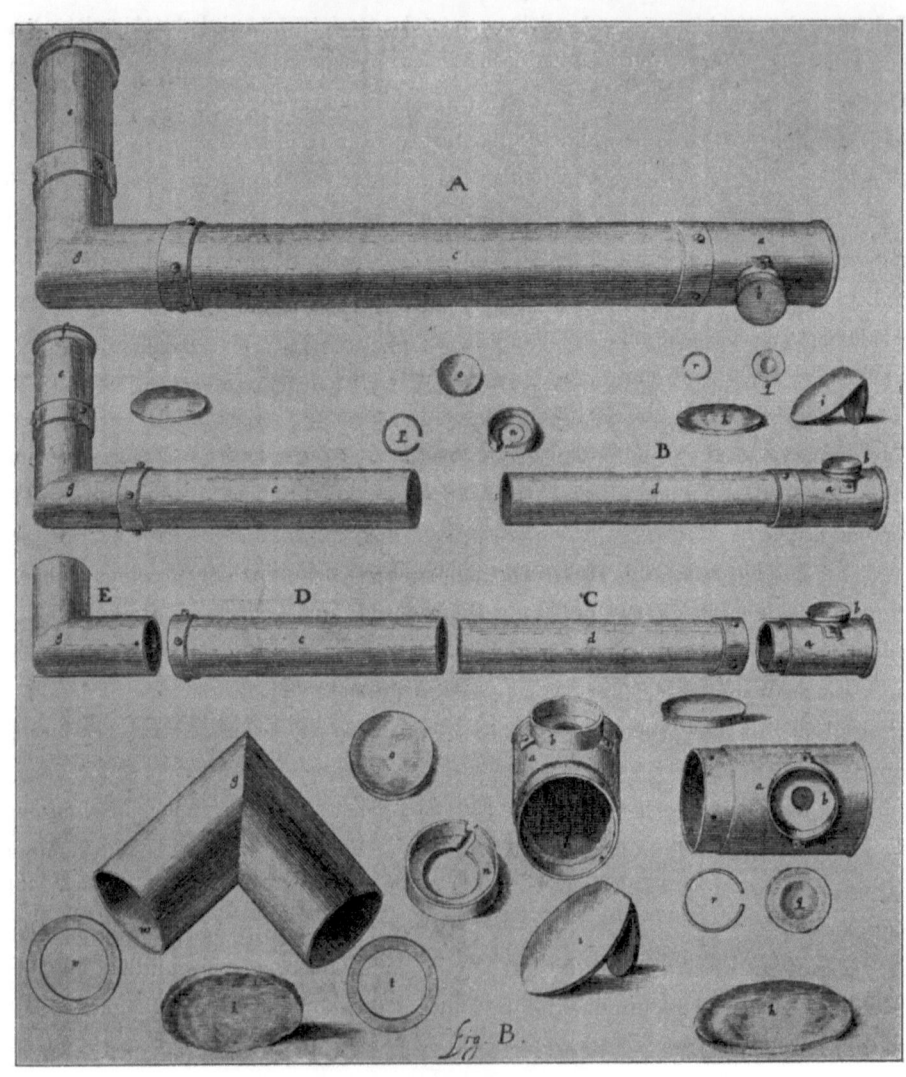

Fig. 3.

Fernrohr wirken, entstanden denken. Der Nachteil des kleinen Gesichtsfeldes bleibt jedoch auch hier bestehen, sobald das Instrument eine einigermaßen beträchtliche Länge erhalten soll.

3. Optischer Aufbau der modernen einfachen Sehrohre. Wollte man nach Art des Heveliusschen Instruments ein Sehrohr größerer Länge bei nicht zu großem Durchmesser bauen, so wäre dies unter allen Umständen mit entsprechender Verkleinerung des Gesichtsfeldes verbunden. Denn ein Objektiv von geringer Brennweite, wenn eine nicht zu starke Vergrößerung angewandt werden soll, liegt in geringem Abstand vom Okular, aber weit von der oberen Rohröffnung entfernt, so daß diese auf das Gesichtsfeld wie eine Blende wirken würde. Andererseits würde, bei gleichem Okular wie oben, ein Objektiv größerer Brennweite und demzufolge stärkerer Vergrößerung, ein kleines objektseitiges Gesichtsfeld ergeben, indem es sich so der Form eines Fernrohres für astronomische Zwecke näherte.

Will man bei einem Sehrohr von beträchtlicher Länge, trotz der verlangten geringen Vergrößerung, ein großes Gesichtsfeld erzielen, so läßt sich dies nur dadurch erreichen, daß man künstlich den Ort des Auges in die Nähe der oberen Öffnung legt[1]. Man kann sich dann das Sehrohr in folgender Art entstanden denken (Engl. Patent 10 373/1901; Grubb, Rathmines): Unmittelbar unter ein rechtwinklig ablenkendes Prisma P_1, den sogenannten Eintrittsreflektor (Fig. 4, a), der die vom Horizont kommenden Strahlen senkrecht nach unten in das Innere des Rohres wirft, setzt man ein Objektiv O_1 von geringer Brennweite. Das von diesem entworfene Bild ist dann ebenfalls verhältnismäßig klein und der von der Blende B_1 freigelassene Teil des frei in der Luft schwebenden Bildes entspricht einem relativ großen objektseitigen Gesichtsfelde. Dieses Bild liegt nun aber zu weit von dem unteren Ende des Rohres entfernt, als daß man es durch ein Okular unmittelbar beobachten könnte. Setzt man deshalb in den mittleren Teil des Rohres eine weitere Linse U von langer Brennweite ein, so bildet diese das bei B_1 liegende Bild in die untere Blendenebene B_2 wieder ab, und erst das hier entstehende Bild wird nun durch das Okular O_2 wie mit einer Lupe betrachtet.

Bei dieser Anordnung erhält man auch gleichzeitig ein aufrechtes und seitenrichtiges Bild. Die beiden Reflektorflächen P_1 und P_2 heben nämlich ihren Einfluß auf die Stellung des Bildes gegenseitig auf, so daß nur die Wirkung der übrigbleibenden, einem sogenannten terrestrischen Fernrohr entsprechenden Linsensysteme in Betracht zu ziehen ist. Das vom Objektiv O_1 entworfene Bild steht nämlich auf dem Kopf, wird aber dann durch das Linsensystem U nochmals um-

---

[1] Eine ähnliche Aufgabe war bereits 1876 in dem Nitzeschen Kystoskop (Instrument zum Betrachten des Innern der Blase durch die enge Harnröhre hindurch) gelöst werden. Die Optik desselben bestand jedoch nur aus vier unkorrigierten plankovexen Sammellinsen, nämlich einem Objektiv sehr kurzer Brennweite mit Collectivlinse, einer in der Mitte des Rohres gelegenen Umkehrlinse und einer Okularlinse.

gekehrt, so daß es im Okular wieder in richtiger Lage erscheint. Man nennt deswegen das Linsensystem U allgemein auch Umkehrsystem.

Ein Sehrohr mit einer derartig einfachen Optik würde nun allerdings vollkommen unbrauchbare Bilder liefern. Zunächst müssen Objektiv (O_1), Umkehrsystem (U) und Okular (O_2) je aus mehreren Linsen verschiedenen Glases und verschiedener Form zusammengesetzt werden (Fig. 4, b), um die jeder einfachen Linse anhaftenden chromatischen und sphärischen Fehler in und außer der optischen Achse zu beseitigen [1]).

Des weiteren ist es erforderlich, in die Nähe der Bildebenen B_1 und B_2 zwei Linsen C_1 und C_2 zu setzen, sogenannte Kollektivlinsen, die die Aufgabe haben, Strahlenbündel, die vom Rande des Gesichtsfeldes herkommen, und infolgedessen vom Objektiv aus nach dem Rande der Blende zielen, nach der Mitte des Umkehrsystems hin abzulenken. Ohne diese Linsen würden die genannten Strahlen an dem Umkehrsystem vorbeigehen, außer man machte, wie dies in dem Strahlengang der Fig. 4 a tatsächlich geschehen ist, die Linsendurchmesser unverhältnismäßig groß. Abgesehen davon, daß eine unzulässige Vergrößerung des ganzen Rohrdurchmessers die Folge wäre, dürfte man auch aus Gründen der optischen Korrektion die Linsendurchmesser keinesfalls so groß machen.

Schließlich verwendet man an Stelle der einzelnen Umkehrlinse U ein aus zwei weit auseinanderstehenden verkitteten Linsen U_1 und U_2 bestehendes System (Fig. 4 b), einmal im Interesse der besseren optischen Korrektion, vor allem aber, um bei gegebener Länge des Sehrohrs seinen Durchmesser so weit als möglich reduzieren zu können.

Man kann sich demnach das ganze Instrument vorstellen als aus zwei gegeneinandergestellten astronomischen Fernrohren stärkerer Vergrößerung bestehend, die beide auf unendlich scharf eingestellt sind (vgl. z. B. Engl. Patent 3744/1902; Officina Galileo, Florenz sowie Franz. Patent 324736/1902; A. Ginsberg, Paris). U_1 und U_2 wären dann die Objektive derselben und $O_1 C_1$ bzw. $O_2 C_2$ die Okulare. Wenn trotzdem nur eine geringe Vergrößerung

---

[1]) Auf diesen Punkt kann naturgemäß an dieser Stelle nicht eingegangen werden; bemerkt sei nur, daß, von äußerst wenigen Ausnahmen abgesehen, die Korrektion der optischen Bildfehler stets darin besteht, daß man sie durch die entgegengesetzten Fehler anderer zugefügter Linsen kompensiert. Da dies aber niemals restlos geschehen kann, besitzt jedes noch so gut korrigierte System kleinere Bildfehler zweiter Ordnung, die unter ungünstigen Umständen so weit anwachsen können, daß das ganze System unbrauchbar wird. Von einer gewissen Grenze ab wachsen sie rapid mit dem Durchmesser der Linsen, so daß ein bestimmtes optisches System sich nur für eine beschränkte Öffnung (Austrittspupille) und ein beschränktes Gesichtsfeld korrigieren läßt. Will man über diese Grenzen dann noch hinausgehen, so ist dies nur unter Verzicht auf Bildgüte möglich.

Weidert, Entwicklung und Konstruktion der Unterseeboots-Sehrohre.

Schema und Strahlengang des gewöhnlichen einfachen Sehrohrs.

Einfaches Sehrohr.

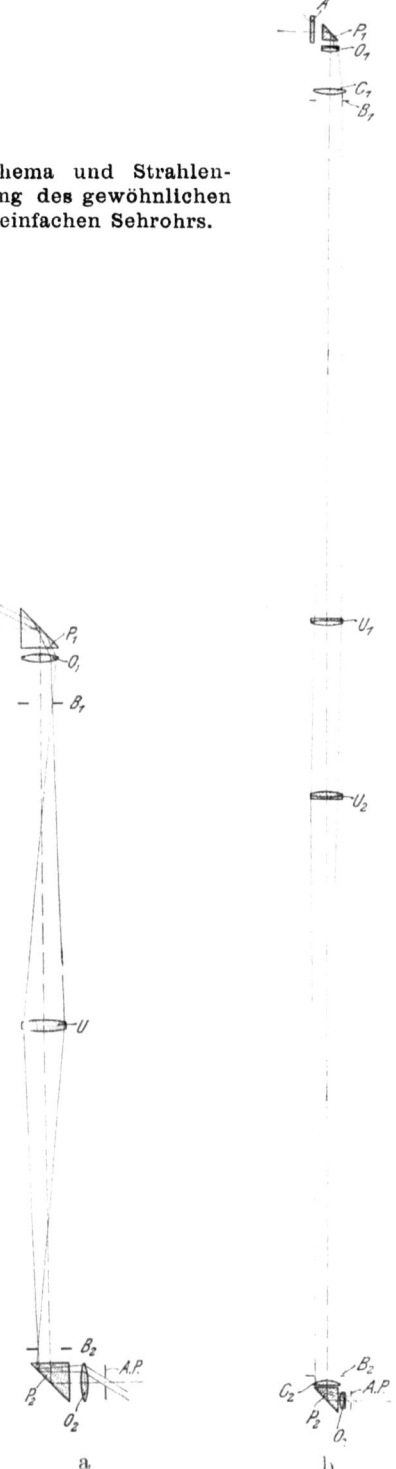
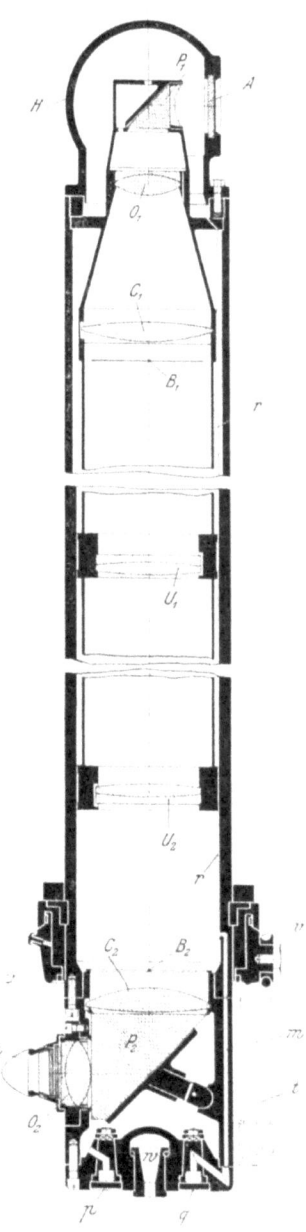

Fig. 4.   Fig. 5.

resultiert, so erklärt es sich daraus, daß das obere Fernrohr mit seinem Okular nach dem Objekt hin gerichtet ist, also das Objekt nicht vergrößert, sondern in dem Verhältnis Objektivbrennweite: Okularbrennweite verkleinert abbildet. Dies verkleinerte Bild wird dann durch das untere Fernrohr, bei dem nun das Objektiv dem ankommenden Licht zugewandt ist, wieder vergrößert.

Hat demnach das erste Fernrohr die Vergrößerung V_1, das zweite die Vergrößerung V_2, so heben sich die Vergrößerungen teilweise auf und als resultierende Vergrößerung des ganzen Instrumentes bleibt nur

$$V = \frac{V_2}{V_1}.$$

Beträgt also z. B. die Vergrößerung des oberen Fernrohrs $V_1 = 12$, die des unteren $V_2 = 18$, so erhielte das fertige Sehrohr nur eine solche von $V = 1,5$.

Einen schematischen Schnitt durch ein ausgeführtes Sehrohr zeigt Fig. 5. Die Linsen und Prismen tragen hier dieselbe Bezeichnung wie in dem Strahlengang Fig. 4, b, als neu kommt nur hinzu, daß das den Kopf bildende Gehäuse gegen eindringendes Seewasser durch ein Abschlußglas A geschützt ist.

4. Vorteilhafteste Vergrößerung der Sehrohre. Ursprünglich glaubte man, mit Rücksicht auf die Möglichkeit des Entfernungsschätzens müsse die Vergrößerung eines Sehrohres genau gleich e i n s sein, weil nur dann die Größe der auf der Netzhaut des Auges entworfenen Bilder die gleiche ist wie beim natürlichen freien Sehen.

Als die Sehrohre mit Linsenoptik aufkamen, gab man ihnen denn auch anfänglich die Vergrößerung 1, oder, wie der Laie sagen würde, man gab ihnen garkeine Vergrößerung. In Wirklichkeit zeigte sich aber bald, daß man unter diesen Umständen die Entfernungen meist überschätzte.

Es rührt dies daher, daß das Auge, sobald man es nicht frei in die Natur hinausblicken läßt, sondern sein Gesichtsfeld durch eine vorgesetzte Blende begrenzt, den Eindruck einer Verkleinerung des Bildes hat. Man steigerte deswegen die Vergrößerung zunächst auf 1,2, dann auf 1,3 und heutzutage betrachtet man als Normalvergrößerung, bei der die meisten Menschen das Bild in natürlicher Größe zu sehen glauben, eine solche von 1,5 fach.

Wie später ausführlicher beschrieben werden wird, versieht man die Sehrohre häufig noch mit besonderen Vorrichtungen zur vorübergehenden Steigerung der Vergrößerung auf 5—6 fach, um auch Einzelheiten des anvisierten Objektes besser wahrnehmen zu können.

5. Helligkeit der Sehrohre (Zusammenhang zwischen Länge, Durchmesser, Austrittspupille und Gesichtsfeld). Wie bei jedem optischen Instrument ist auch beim Sehrohr die Helligkeit der gesehenen Bilder im wesentlichen durch zwei verschiedenartige Ursachen bedingt, nämlich erstens durch die vom Konstrukteur gegebenen Brennweiten und Öffnungsverhältnisse, von denen der Durchmesser der austretenden Strahlenbündel abhängt, zweitens durch die physikalischen Eigenschaften des zur Herstellung der Linsen und Prismen verwandten Glases, welche bewirken, daß infolge der unvermeidlichen Reflexions- und Absorptionsverluste ein Teil des einfallenden Lichtes für die Bilderzeugung verloren geht.

Wegen der großen Bedeutung, die die Helligkeit der gesehenen Bilder für ein Sehrohr hat, sei auf diese Verhältnisse hier etwas ausführlicher eingegangen.

Wie bei jedem optischen Instrument wird auch bei dem Sehrohr der Durchmesser der austretenden Strahlenbündel durch die Fassung einer der Linsen oder durch irgend eine andere Blende begrenzt. Man sieht deshalb bei jedem Sehrohr, wenn es gegen eine helle Fläche gerichtet ist, in kurzer Entfernung vor dem Okular einen kleinen hellen Kreis frei in der Luft schwebend, der sich auch auf einem Stück Papier oder einem matten Glase auffangen läßt, die sogenannte Austrittspupille. Dieser helle Kreis stellt die Stelle im Raume dar, durch die alle von irgend einem Punkte des Objekts herkommenden Strahlenbündel nach dem Austritt aus dem Fernrohr wieder hindurchtreten müssen.

Bringt man sein Auge in eine solche Stellung zu dem Instrument, daß dessen Austrittspupille mit der Pupille des Auges zusammenfällt und hat diese gerade denselben Durchmesser wie jene Austrittspupille, so wird die gesamte in das Instrument eintretende Lichtmenge, abgesehen von dem Reflexions- und Absorptionsverlust, die zunächst vernachlässigt seien, auch in das Auge des Beobachters gelangen, und er wird die Objekte mit derselben Helligkeit sehen, mit der sie dem unbewaffneten Auge erscheinen.

Nehmen wir dagegen an, daß die Augenpupille infolge der großen Helligkeit des gesehenen Bildes enger wird als der Durchmesser der Austrittspupille, wie dies stets bei der Beobachtung am Tag der Fall ist, so kommt nicht mehr alles Licht, das das Instrument entläßt, im Auge wirklich zur Geltung, und man sieht die Objekte nur mit der gleichen Helligkeit, wie beim freien natürlichen Sehen, weil ja in diesem Fall die Pupille des Auges sich ebenfalls auf den gleichen Durchmesser verengt hätte.

Nehmen wir schließlich an, man beobachte bei Dunkelheit, so wird sich die Pupille des Auges unter Umständen weiter öffnen können, als der Durchmesser der Austrittspupille des Instruments beträgt. In diesem Fall hätte also das Auge noch mehr Licht in sich aufnehmen können und man wird infolgedessen die Objekte mit verminderter Helligkeit sehen.

Es erscheint deshalb unter allen Umständen wünschenswert, den Sehrohren eine möglichst große Austrittspupille zu geben. Denn selbst für den Fall, daß die Pupille des Beobachters kleiner ist als die Austrittspupille des Instruments und deshalb ein Helligkeitsgewinn nicht vorhanden ist, hat man doch den Vorteil, daß bei den Bewegungen, die man infolge der Schiffsschwankungen unwillkürlich vor dem Okular des Instruments ausführt, das Auge stets innerhalb der Austrittspupille bleibt und infolgedessen stets mit Licht voll ausgefüllt ist.

Anderseits gibt es auch Gründe, die gegen eine allzu große Austrittspupille sprechen. Einmal ist es aus optischen Gründen unvorteilhaft, zu große Pupillen zu wählen, weil die Randpartien des optischen Apparates im Auge, die erst bei großer Öffnung seiner Pupille zur Wirksamkeit kommen, bei vielen Menschen verschwommene Bilder liefern, so daß man unter Umständen, trotz der vergrößerten Helligkeit, die Objekte schlechter sieht als mit einer etwas kleineren Pupille. Man kann in diesem Fall das Auge mit einem lichtstarken Objektiv vergleichen, das ja ebenfalls bessere Bilder liefert, wenn die weniger gut korrigierten Randpartien abgeblendet werden.

Des weiteren spricht gegen eine zu große Austrittspupille des Sehrohres der Umstand, daß das Verhältnis seiner Länge zu seinem Durchmesser ein zu kleines wird, d. h. daß man entweder die Länge reduzieren, oder seinen Durchmesser vergrößern müßte. Wie oben angeführt wurde, kann man ja das ganze Instrument als aus zwei astronomischen Fernrohren bestehend, auffassen. Bei einem solchen ist aber der Durchmesser der Austrittspupille bestimmt durch den Durchmesser des zugehörigen Objektivs U_1 bzw. U_2. Also kann eine Vergrößerung der Austrittspupille auch nur auf Kosten des Durchmessers der Objektive U_1 und U_2, somit auch nur auf Kosten des ganzen Durchmessers geschehen.

Bisher war nur von der Helligkeit des zentral durch das Instrument hindurchgehenden Lichtbündels, also von der Helligkeit eines in der optischen Achse gelegenen Objektpunktes die Rede. Das Verhältnis von Länge zu Durchmesser des Sehrohres ist aber auch maßgebend für die Helligkeit der seitlichen Teile des Gesichtsfeldes. Es war bereits oben angeführt worden, daß man die Länge dadurch vergrößern könne, daß man die beiden Einzelfernrohre bzw. die beiden Umkehrsysteme U_1 und U_2 möglichst weit auseinanderrückt. Hierfür ist jedoch eine Grenze dadurch gegeben, daß bei zu großer Entfernung die nach dem Rande der Gesichtsfeldblende zu gelegenen Teile des Bildes immer mehr an Helligkeit abnehmen, indem die Fassungen der Linsen, die nach den seitlichen Teilen des Gesichtsfeldes hinzielenden Bündel mehr abblenden, als die zentralen. Man kann sich bei fast allen optischen Instrumenten hiervon überzeugen, z. B. beim Prismenbinokel, photographischen Objektiv usw., wenn man deren Austrittspupille einmal zentral und dann von der Seite her betrachtet. Im ersteren Falle ist sie gewöhnlich kreisrund, je mehr man aber von der Seite blickt, um so mehr erscheint sie als schmales Kreiszweieck von kleinerem Flächeninhalt als der zuerst gesehene zentrale Kreis. Hierdurch entsteht, wenn die Augenpupille weit geöffnet ist, für die austretenden seitlichen Lichtbündel eine Verringerung der Helligkeit.

Glücklicherweise ist das menschliche Auge für solche Helligkeitsunterschiede recht unempfindlich, sofern sie eine gewisse Größe nicht überschreiten, so daß man es im allgemeinen noch nicht störend empfindet, wenn der Rand des Bildfeldes etwa nur halb so hell ist, als die Mitte. Je weiter man in dieser Beziehung gehen will, um so mehr läßt sich die Länge im Verhältnis zum Durchmesser steigern.

6. Helligkeitsverlust durch Reflexion und Absorption. Bisher hatten wir angenommen, das Auge erhielte durch das Sehrohr dieselbe Lichtmenge wie beim freien Sehen, sofern nur seine Pupille ganz mit Licht ausgefüllt bleibt. Dies ist jedoch tatsächlich nicht der Fall, und zwar zunächst nicht, weil von dem ankommenden Licht an jeder Glasfläche, die ihm entgegensteht, ein gewisser Prozentsatz wieder zurückgeworfen wird, also für die Bilderzeugung verloren geht. Dieser Verlust ist abhängig von dem **Unterschied der Brechungsexponenten** der in der Grenzfläche zusammenstoßenden Medien, also von der Art der verwandten **Glassorten**, sowie von dem Winkel, unter dem das Licht auf die betreffende Fläche auffällt.

Für eine vollkommen polierte und reine Glasfläche, auf deren einer Seite sich Luft befindet, kann man als rohen Durchschnittswert bei senkrechtem Einfall einen Verlust von etwa 4 % annehmen, d. h. die erste Fläche läßt vom ankommenden Licht noch 96 % hindurch, von diesen 96 % sind dann bei der nächsten Fläche wieder 4 % abzuziehen, so daß noch 92,16 % übrig bleiben; durch die folgende Fläche gehen nach Abzug der Verluste von 4 % noch 88,47 % hindurch und so fort. Man sieht also, daß, je mehr Flächen man verwendet, jede einzelne hinzukommende Fläche immer weniger Einfluß auf den Helligkeitsverlust hat.

Für ein Sehrohr, dessen Optik dem in Fig. 5 dargestellten analog ist, beträgt der Verlust durch Reflexion etwa **57,6 %**.

Dieser Verlust wird erheblich gesteigert, wenn die Oberflächen aller Linsen und Prismen nicht, wie vorausgesetzt, vollkommen rein sind, sondern entweder verstauben, oder, was ja gerade bei dem Unterseebootssehrohr vorkommen kann, infolge von Feuchtigkeit und Temperaturwechsel beschlagen. Man muß deshalb hier bei der Glaswahl noch mehr als bei anderen optischen Instrumenten darauf achten, daß nur durchaus luftbeständige Gläser verwandt werden.

Außer durch Reflexion an der Oberfläche der einzelnen Linsen und Prismen geht Licht aber auch im Innern derselben durch Absorption verloren, weil es keinen Körper gibt, der im optischen Sinne als vollkommen durchsichtig zu betrachten wäre. Indessen hat die Glasfabrikation gerade in dieser Richtung ausgezeichnete Fortschritte gemacht, so daß der Optik heutzutage Glasarten zur Verfügung stehen, die mit hoher Unempfindlichkeit gegen atmosphärische Einflüsse eine sehr gute Lichtdurchlässigkeit verbinden.

Wenn auch der Absorptionsverlust beim Sehrohr mit seinen großen Linsen und Prismen bedeutend höher ist, als man z. B. bei Zielfernrohren u. dgl. gewöhnt ist, so ist er doch bedeutend geringer als der durch Reflexion verursachte. Er beträgt für das gleiche Sehrohr nur etwa 23,6 %.

Unter Berücksichtigung beider Arten von Verlusten gehen mithin durch ein normales Sehrohr nur noch etwa 32,4 %, also knapp ein Drittel des einfallenden Lichtes hindurch.

Trotzdem spielt dieser hohe Verlust keine so bedeutende Rolle, wie es im ersten Moment den Anschein hat, da er in den meisten Fällen durch das Auge selbst teilweise wieder kompensiert wird. Nehmen wir nämlich an, die Pupille des Beobachters sei kleiner als die Austrittspupille des Sehrohres, so ist der Effekt derselbe, als wenn beim freien Sehen das Auge sich in etwas dunklerer Umgebung befände: das Auge wird sich weiter öffnen und auf diese Weise wieder mehr Licht in sich aufnehmen.

7. Sehrohre aus mehr als zwei Einzelfernrohren. Mit der fortschreitenden Vervollkommnung der Unterseeboote ergab sich auch immer mehr das Bedürfnis, die Länge der Sehrohre im Verhältnis zu ihrem Durchmesser zu steigern, ohne indessen an Gesichtsfeld oder Austrittspupille etwas zu verlieren. Im Gegenteil, man stellte in bezug auf diese beiden Daten in der Folgezeit nur immer höhere Ansprüche.

Wie bereits oben auseinandergesetzt wurde, läßt sich beim einfachen Sehrohr die Länge nicht über ein gewisses Maß steigern. Wohl aber kann man hierin weiter kommen, wenn man die oberste Bildebene B_1 nicht gleich bis nahezu an das untere Ende des Rohres durch ein Umkehrsystem abbildet, sondern zunächst etwa in die Mitte des Rohres, und erst das hier entstandene Bild durch ein weiteres Umkehrsystem in die Bildebene des unteren Okulars projiziert. Besteht das hinzugekommene Umkehrsystem ebenfalls aus zwei **Objektiven**, zwischen denen die Lichtbündel parallelstrahlig verlaufen, so kann man analog der früheren Anschauungsweise ein solches Sehrohr als aus drei Einzelfernrohren bestehend ansehen.

Theoretisch könnte man diesen Vorgang immerfort wiederholen, und auf diese Weise Sehrohre von beliebiger Länge und beliebig geringem Durchmesser konstruieren. In der Praxis stehen dem aber gewisse Schwierigkeiten entgegen; denn, wie oben dargelegt wurde, geht mit jeder Linse infolge der Absorption im Glas und der teilweisen Reflexion der Lichtstrahlen an den Linsenoberflächen ein gewisser Prozentsatz von Licht für die Erzeugung des Bildes verloren, so daß bei der Hintereinanderschaltung zu vieler Linsensysteme diese unvermeidlichen Verluste eine unzulässige Höhe erreichen würden. Gleichzeitig würde das an den einzelnen Glasflächen reflektierte Licht, das ja an den vorderen Linsen nochmals in die ursprüngliche Richtung zurückgeworfen wird, immer störender in die Erscheinung treten, so daß schließlich das ganze Bild von diffusem Licht überflutet schiene und einen flauen Eindruck hervorriefe.

Eine weitere Grenze ist auch in rein geometrisch-optischer Beziehung dadurch gesetzt, daß die Bildfehler zweiter Ordnung, die bei jedem noch so gut korrigierten Linsensystem unvermeidlicherweise übrigbleiben, in den aufeinanderfolgenden gleichartigen Linsensystemen sich addieren, so daß ein optisch schlechtes Bild resultieren würde. Namentlich gilt dies für die chromatischen Fehler und für die Bildwölbung. Aus allen diesen Gründen geht man über die Hintereinanderschaltung von vier Einzelfernrohren nicht hinaus.

8. Abgesetzte Sehrohre. Es hätte aber auch deshalb keinen Sinn, den Durchmesser des Sehrohrs unter ein gewisses Maß herunterzudrücken, weil es dann zu wenig widerstandsfähig würde. Ein zu dünnes Sehrohr vibriert beim Fahren, so daß auch das gesehene Bild ständig vibriert und verschwommen erscheint. Außerdem biegt sich ein zu dünnes Sehrohr infolge des großen Fahrtwiderstandes durch. Hierdurch tritt aber eine Verschiebung des Bildes gegen das Gesichtsfeld des Okulars, mithin auch gegen dessen Meßmarken ein, wenn solche, wie es bisher meist geschah, in der Okularbildebene liegen. Bei Benutzung des Sehrohrs als Zielfernrohr zum Abfeuern von Torpedos würde man infolgedessen erhebliche Winkelfehler riskieren können.

Da sich also der Durchmesser des ganzen Sehrohrs unter eine gewisse Grenze nicht herunterdrücken läßt, hat man sich in neuerer Zeit damit begnügt, wenigstens den obersten über die Wogenkämme hervorragenden Teil so dünn wie möglich zu halten. Man kommt dann zu den sogen. a b g e s e t z t e n S e h -

r o h r e n, deren charakteristische Form aus den Fig. 2, 7 und 15 leicht zu erkennen ist. Aber auch selbst wenn man die Stellung aller Linsen und die Verteilung ihrer Brennweiten auf das günstigste wählt, muß diese Verjüngung meist mit einem geringeren Durchmesser der Austrittspupille erkauft werden, sofern man nicht zu dem beschriebenen Hilfsmittel der Vermehrung der Einzelfernrohre greifen will.

9. Ausgestaltung der Okulare. Was die Ausgestaltung des Okularteils betrifft, so ist neuerdings im allgemeinen das Bestreben vorhanden, die Okulare möglichst wenig oder auch gar nicht über dem Körper des Sehrohrs hervortreten zu lassen, einmal der Raumersparnis halber, dann aber auch insbesondere, um eine bequeme Montage des Sehrohrs ohne Abschrauben optischer Teile zu ermöglichen.

Mit Rücksicht auf vollkommenste Wasserdichtigkeit des ganzen Instruments sind die Okulare gewöhnlich fest eingesetzt, ohne Verstellungsmöglichkeit zur Scharfeinstellung des Bildes. Gewöhnlich stellt man sie entweder fest auf $-\frac{1}{2}$ Dioptrie ein, d. h. das gesehene Bild schwebt scheinbar in einer Entfernung von zwei Meter vor dem Auge, da diese Einstellung für die meisten Menschen mit normalen Augen die bequemste ist, oder man setzt, wenn es sich um Beobachter mit stark anormalen Augen handelt, Dioptriegläser abgestufter Stärke, d. h. eine Art von Brillengläsern vor.

Außerdem gehören zur Ausstattung eines Sehrohrs meist noch Gelbscheiben, die dem Okular vorgesetzt werden, um durch Absorption der vom Nebel ausgehenden blauen Strahlen ein klareres Sehen in die Ferne zu ermöglichen. Bei zu grellem Sonnenlicht, das bei der schwachen Beleuchtung im Innern des Unterseeboots doppelt stark empfunden wird, bedient man sich vorgesetzter Dämpfungsgläser.

10. Vorrichtungen zum Aufziehen und Drehen der Sehrohre. Von großer Wichtigkeit ist die Art der Verbindung des Sehrohrs mit dem Unterseeboot. Zunächst ist es erforderlich, daß man das Sehrohr um seine Achse nach allen Seiten drehen kann, um den ganzen Horizont bestreichen zu können. Sodann soll es aber auch bei Nichtgebrauch in das Unterseeboot einziehbar sein, insbesondere um bei der Fahrt in größerer Tiefe, bei der man damit rechnen muß, daß das Unterseeboot einmal unter einem anderen Schiff oder dergleichen hindurchfährt, kein Hindernis zu bieten. Beiden Forderungen wird dadurch genügt, daß man das Sehrohr in einer an der Decke des Kommandoturms angebrachten langen Stopfbuchse montiert.

Naturgemäß erfordert es ziemlich große Kraft, das Rohr in der langen Stopfbuchse auf- und niederzuschieben. Man benutzt deshalb zum Einziehen

Sehrohre mit mechanischem Aufzug im Kommandoturm des Untersee-Bootes.

Sehrohre mit feststehendem Außenrohr.

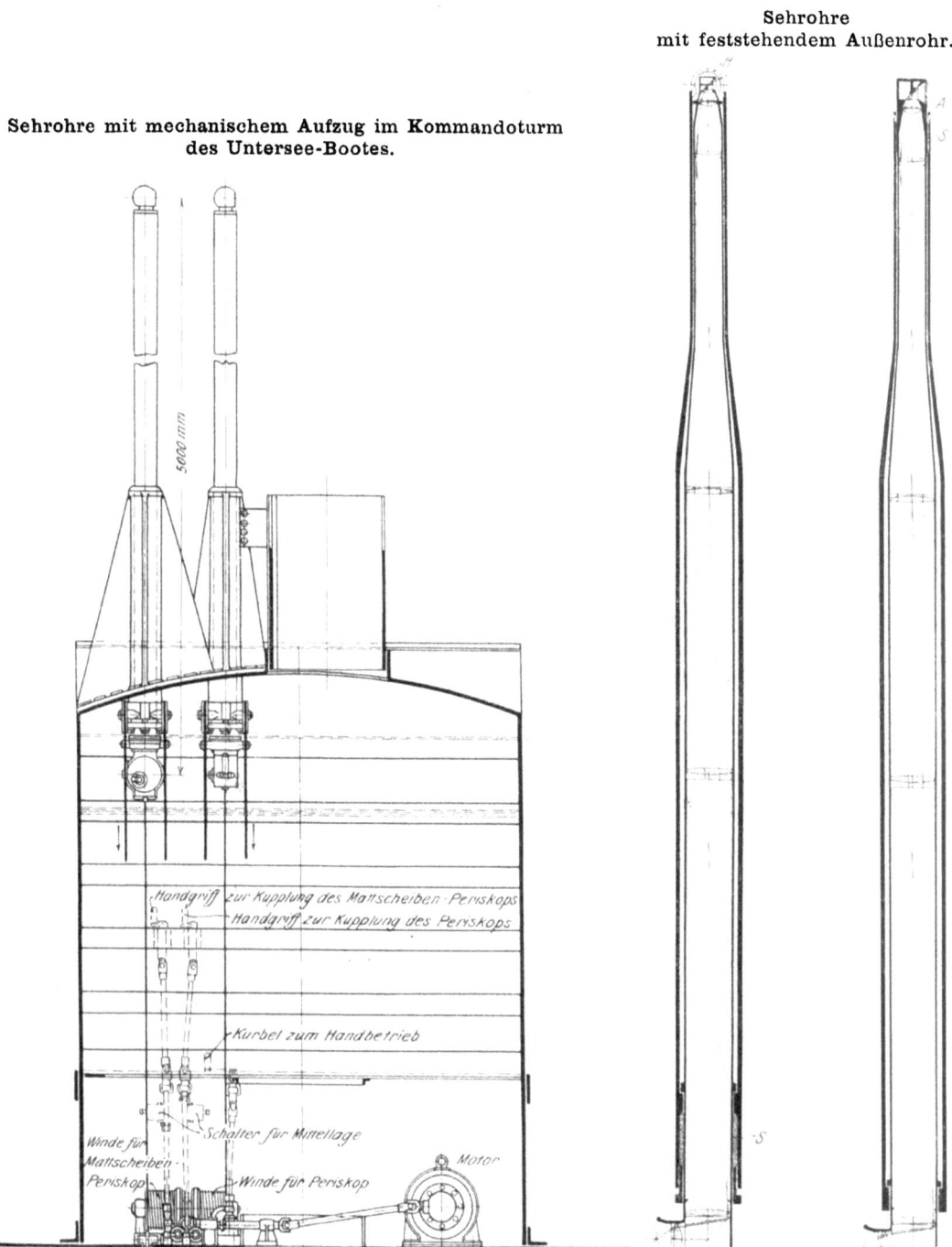

Fig. 6. Fig. 7.

sowie zum Herausschieben besondere Winden, die die Bewegung des Sehrohrs an Seilen von seinem unteren Ende aus bewirken (Fig. 6). Damit das Sehrohr außerdem nach allen Seiten gedreht werden kann, läßt man es auf einem Ring aufruhen, der an den beiden Seilen hängt, die zur Aufzugswinde gehen. Das Seil zum Einholen des Sehrohrs greift zentral am untersten Ende des Instrumentes an und ist ebenfalls in einem drehbaren Lager befestigt. Zum Drehen des ganzen Sehrohrs bedient man sich zweier zu beiden Seiten des Okulars angebrachter aufklappbarer Handgriffe (vgl. z. B. Fig. 8).

Abgesehen von der beschriebenen Aufzugsvorrichtung mit Seiltrommel sind auch hydraulische Aufzugsvorrichtungen in Gebrauch (vgl. z. B. Österr. Patent 42 706, 1909; Electric Boat Company, New York. Ferner Engl. Patent 28 901/1912; Officina Galileo, Florenz).

Auch pneumatische Aufzugsvorrichtungen werden neuerdings des öfteren angewandt. Ihr Vorteil besteht darin, daß sie mechanisch sehr einfach werden, weil man als Antriebskraft unmittelbar die von den Druckluftbehältern des Unterseeboots her zur Verfügung stehende Druckluft benutzen kann. Es müssen aber besondere Vorrichtungen vorhanden sein, um die Kompressibilität der Luft unschädlich zu machen und den Antrieb ebenso zwangläufig zu machen, wie bei den hydraulischen oder mechanischen Aufzügen.

11. Sehrohre mit feststehendem Außenrohr. Die Drehung des frei in das Wasser ragenden Sehrohrs in der Stopfbuchse schließt verschiedene Nachteile in sich, vor allem den, daß das lange Rohr, sobald sich das Boot in Fahrt befindet, mit ziemlicher Kraft zur Seite gedrückt wird und dann dem Drehen einen erheblichen Widerstand entgegensetzt. Der Beobachter wird dadurch unnützerweise körperlich in Anspruch genommen, was bei dem anstrengenden Unterseebootsdienst besonders zu vermeiden ist, oder aber er wird dazu verleitet, den Horizont nicht so häufig abzusuchen, wie es vielleicht gerade erforderlich wäre.

Diesem Übelstand kann man dadurch abhelfen, daß man die Längs- und die Drehbewegung voneinander trennt, indem man den optischen Teil des Sehrohrs leicht drehbar in ein äußeres Schutzrohr einbaut und dieses nur noch die Vertikalbewegung zum Auf- und Abschieben des Sehrohrs in der Stopfbuchse ausführen läßt (Fig. 7, a). Damit man dann noch nach allen Seiten freien Ausblick behält, ist der Kopf dieses Außenrohres durch eine kugelförmige Glashaube H gebildet (D.R.P. 230 282, 1909; Goerz, Berlin). Man kann den Kopf des Sehrohres auch durch eine cylinderförmige Glashaube abschließen, muß dann aber den hierdurch entstandenen Astigmatismus durch eine Cylinderlinse wieder aufheben. Um bei einem evt. Bruch der Glashaube das Innere des Bootes vor eindringendem

Wasser zu schützen, ist das drehbare Innenrohr gegen das feststehende Außenrohr am unteren Ende durch eine Stopfbuchse S abgedichtet, die zwar dicht halten muß, jedoch im Gegensatz zu der äußeren Stopfbuchse verhältnismäßig kurz sein kann und leicht gehen darf.

Verzichtet man auf eine vollkommene Abdichtung des äußeren Rohres, wie sie durch die Glashaube gewährleistet wird, so ist auch eine Konstruktion nach Fig. 7, b recht vorteilhaft. Hier ist das innere Sehrohr durch das äußere Schutzrohr nach oben hindurchgeführt und deshalb mit einem Kopf normaler Art ausgestattet. Die Abdichtung erfolgt durch eine Stopfbuchse S unmittelbar am Kopf. Während aber bei dem Glashaubensehrohr der Zwischenraum zwischen den beiden Rohren vollkommen gegen das Wasser abgeschlossen ist und die Stopfbuchse nur für einen etwaigen Unfall erforderlich ist, steht sie bei der zuletzt beschriebenen Konstruktion ständig unter Wasserdruck, so daß man immerhin mit dem Vorhandensein von etwas Sickerwasser zwischen den Rohren rechnen muß. Dies bedingt also die Verwendung eines nicht rostenden Materials.

12. Vorrichtungen zum Anzeigen der Blickrichtung. Um sehen zu können, unter welchem Winkel die Visierlinie des Sehrohrs zu der Längsachse des Bootes steht, ist bei gewöhnlichen Sehrohren an der Decke des Unterseeboots an der Stopfbuchse eine Teilung angebracht, während ein der ganzen Länge nach auf dem Rohr gezogener Strich als Index dient, oder die Teilung befindet sich, wie dies z. B. bei dem Sehrohr der Fig. 5 der Fall ist, an dem das Sehrohr tragenden Ring v, während der zugehörige Index am Sehrohr selbst befestigt ist.

Nun ist es aber meist sehr schwierig und für das Auge anstrengend, die Teilungen plötzlich zu beobachten, wenn eben noch das Auge an das helle Gesichtsfeld des Instruments gewöhnt war. Es vergeht immerhin eine gewisse Zeit, bis der Beobachter imstande ist, die Teilungen zu erkennen. Umgekehrt wird er, sobald er dann wieder in das Sehrohr blickt, zunächst geblendet. Außerdem verlangt man auch, daß er sein Ziel keinen Moment aus dem Auge läßt.

Man hat deshalb eine besondere Vorrichtung konstruiert (Fig. 8), mit Hilfe deren man die Stellung des Sehrohrs sowohl außen auf der Gradteilung, wie auch auf einer Teilung die um die Gesichtsfeldblende herum sichtbar ist, ablesen kann Dies wird dadurch erreicht, daß in der Bildebene eine auf ihrem Umfang in 360° geteilte Platte angebracht ist, hinter der sich ein Zeiger bewegt, der durch Zahnradübertragungen mit dem das Sehrohr tragenden, gegenüber dem Schiffskörper feststehenden Ring verbunden ist. In der Figur ist die von dem Tragering nach dem Innern des Okulars gehende Kupplung über dem Okular sichtbar. Die Platte mit der Teilung ist so orientiert, als wenn man die ursprünglich horizontal gedachte Azimutteilung aufnähme und senkrecht vor sich hin hielte. Steht das Sehrohr mit seiner Visierlinie in Richtung des Bootskörpers, so steht der Zeiger senkrecht über der Mitte des Gesichtsfeldes.

Okularende eines bifokalen Sehrohres mit Vorrichtung zur Anzeige der Blickrichtung im Gesichtsfeld.

Fig. 8.

13. Prüfung auf Dichtigkeit. Naturgemäß ist es sehr wichtig, daß das Sehrohr bei der Fabrikation so gut wie nur irgend möglich abgedichtet wird. Bei der Abnahme wird deswegen jedes Sehrohr auf seine Dichtigkeit besonders geprüft. Dies geschieht, indem man entweder das ganze Sehrohr in einen langen, an beiden Enden verschließbaren Kessel bringt, der mit Wasser angefüllt und auf einen bestimmten Druck aufgepumpt wird, oder man läßt nur das Objektiv-

sowie das Okularende in einen kleineren Druckbehälter eintauchen (Fig. 9), da ja nur an diesen Stellen die Möglichkeit des Eindringens von Wasser gegeben ist.

Gleichzeitig erkennt man auch durch diese Prüfung, ob die Prismen bzw Linsen, die beim Tauchen des Bootes den vollen Druck des Wassers aufzunehmen haben, diesem Druck gewachsen sind und nicht durch eine etwaige Zertrümmerung eine Gefahr für die Besatzung des Boots bieten.

Gewöhnlich wird der Objektivkopf mit 10, **der Okularkopf mit 1 Atm.** Außendruck geprüft; der letzere außerdem noch mit 10 Atm. Innendruck, weil die Okularlinsen im Falle einer Zerstörung des oberen Teiles des Sehrohrs unter Umständen den vollen Wasserdruck auszuhalten haben.

Apparat zur Prüfung der Sehrohre auf Wasserdichtigkeit.

Fig. 9.

14. Trockenvorrichtungen. Trotz sorgfältigster Abdichtung der Linsen in ihrer Fassung und aller sonstigen Trennungsfugen ist es nicht möglich zu vermeiden, daß die in dem Sehrohr eingeschlossene Luft mit der Zeit immer feuchter wird. Taucht dann das Boot unter Wasser, so wird die Luft im Innern des Rohres abgekühlt und ihre Feuchtigkeit erscheint plötzlich als trübender Beschlag auf Linsen und Prismen.

Es sind deswegen von jeher verschiedene Methoden zur Trockenhaltung der Sehrohre in Gebrauch. Die einfachste Art, das Sehrohr trocken zu halten, besteht darin, daß man aus den Druckluftbehältern des Unterseeboots einen ständigen Strom von durch Chlorcalcium getrockneter Luft durch das Rohr hindurchstreichen läßt, die dann am oberen Ende durch eine Art von Sicherheitsventil ins Freie entweicht (Engl. Patent 27044 C/1903; Electric Boat Company, New York). Ein solches ständiges Durchblasen von Luft hat aber den Nachteil, daß viel Staub in das Sehrohr befördert wird.

Man zieht es deshalb heutzutage vor, das Sehrohr während des Gebrauchs so dicht wie möglich abzuschließen und nur von Zeit zu Zeit einer gründlichen Trocknung zu unterziehen. Der Durchblaseapparat zum Trocknen (Fig. 10) besitzt eine von einem Elektromotor angetriebene kleine Pumpe, die aus einem Ventil des Sehrohrs die Luft heraussaugt, durch einen mit Trockensubstanz (meist Chlorcalcium, konz. Schwefelsäure usw.) beschickten Behälter hindurchpreßt und in das andere Ventil des Sehrohrs wieder hineintreibt. Ein am Apparat befindliches Hygrometer gestattet zu erkennen, wann mit dem Trocknen aufgehört werden kann.

Durchblaseapparat zum Austrocknen der Sehrohre.

Fig. 10.

Früher setzte man die beiden Ventile je an das obere und untere Ende des Sehrohrs. Infolgedessen konnte das Austrocknen nur erfolgen, wenn das Boot im Hafen lag, weil die eine Leitung von außen hochgeführt werden mußte. Es erwies sich deshalb als vorteilhafter, beide Ventile an das unterste Ende des Sehrohrs zu verlegen (p und q in Fig. 5) und von dem einen aus eine dünne Rohrleitung im Innern des Instrumentes bis in dessen Kopf zu führen. Auf diese Weise kann das Austrocknen jederzeit vom Innern des Boots aus vorgenommen werden.

B. Mattscheiben-Sehrohre.

1. Einfache Mattscheibensehrohre. Um ein möglichst bequemes Beobachten zu gestatten und es auch zu ermöglichen, daß eventuell gleichzeitig zwei Beobachter das Bild sehen können, hat man auf die Sehrohre eine Methode angewandt, die bereits früher in der Marine bei Zielfernrohren versucht worden war, daß man nämlich das Bild nicht durch ein Okular betrachtet, sondern auf einer Mattscheibe entwirft.

Auf Sehrohre wurde dieser Gedanke zuerst von den beiden italienischen Seeoffizieren Russo und Laurenti übertragen (vgl. z. B. Engl. Patent 2165/1902; Russo und Laurenti, Rom), die dem neuen Instrument den Namen Cleptoskop beilegten. Das erste Mattscheibensehrohr nach diesem Patent wurde in Deutschland 1903/04 von der optischen Anstalt C. P. Goerz gebaut.

Will man den Eindruck des natürlichen Sehens, also der Vergrößerung 1 haben, so muß das auf die Mattscheibe projizierte Bild, wenn man es aus der „deutlichen Sehweite", d. h. aus einer Entfernung von 250 mm betrachten will, eine solche Größe haben, als sei es durch ein Objektiv von der Brennweite 250 mm entworfen. Bei dem Mattscheibenbild hat man jedoch in noch höherem Grade, als bei dem Okularbild, den Eindruck einer Verkleinerung.

Einen großen Vorteil bedeutet es aber, daß der Beobachter vor einem Mattscheibensehrohr mit dem Kopf frei hin- und hergehen kann und beide Augen gleichmäßig benutzt. Infolgedessen wird sein Auge bedeutend weniger angestrengt.

Das Beobachten auf der Mattscheibe ist jedoch nur möglich, wenn das Wetter genügend klar ist, da das aus dem Sehrohr austretende Licht durch die Körnung der Mattscheibe stark zerstreut wird. Außerdem verhindert dieses Korn die Erkennung sehr feiner Details, also auch die rechtzeitige Erkennung weit entfernter Objekte.

2. Kombinierte Okular-Mattscheibensehrohre. Um die Vorteile, die die Beobachtung auf der Mattscheibe bietet, mit denen des gewöhnlichen Sehrohrs verbinden zu können, baut man heutzutage meist keine speziellen Mattscheibensehrohre mehr, sondern vereinigt in ein und demselben Instrument Mattscheiben- und Okularbeobachtung. Ursprünglich führte man diese Konstruktionen in der Art aus, wie sie z. B. Fig. 11 in Ansicht darstellt. Man sieht hier am unteren Teil des Sehrohrs die kleinere Öffnung für das Okular und darüber die große für die Mattscheibe. Das Bild wird auf diese unter Vermittlung eines unter 45° geneigten Planspiegels projiziert; schlägt man diesen durch Drehen der an der rechten Seite sichtbaren Kurbel zurück, so kann das Licht ungehindert weiter nach unten gehen und tritt dann durch das Okular aus.

Die eben beschriebene Anordnung hat jedoch noch den Nachteil, daß man das Okularbild und das Mattscheibenbild aus verschiedener Augenhöhe beobachten muß. Man hat deswegen auch die Anordnung getroffen, daß man die oberhalb des Okulars befindliche Mattscheibe nach vorn etwas neigte, jedoch hat man dann wieder den Übelstand eingetauscht, daß man gerade bei der Mattscheibenbeobachtung, die den Beobachter doch möglichst wenig anstrengen soll, dem

Kopf eine unbequeme Stellung nach oben geben muß. Außerdem bleibt immer noch der Nachteil übrig, daß das Mattscheibenbild und das Okularbild aus verschiedenen Entfernungen zu betrachten sind.

Eine wesentlich vollkommenere Anordnung besteht darin, daß man das Mattscheibenbild gegen das Okularbild auswechselt (D.R.P. 231 966/1909; Goerz,

Okularende eines kombinierten Okular-Mattscheiben-Sehrohrs mit getrennten Einblicköffnungen.

Fig. 11.

Berlin). In dem unteren trommelförmig erweiterten Teil des Sehrohrs (Fig. 12) ist nämlich ein Körper drehbar gelagert, der zunächst das Prisma P_2 und die Okularlinsen C_2 und O_2 enthält. In der gezeichneten Stellung würde also das Bild durch die Linsen des Okulars austreten. Schlägt man diesen Körper mittels einer an der Seite angebrachten Kurbel um 180^0 herum, so kommt an die Stelle der

Kollektivlinse C_2 die Linse M und an Stelle der Linse O_2 die Linse L. Außerdem ist das Prisma P_2 so ausgebildet, daß seine Hypotenusenfläche auch für die Linsen M und L als Spiegel wirkt. Die eine Fläche der Linse M ist matt geschliffen, so daß auf ihr das vom Sehrohr entworfene Bild aufgefangen und dann durch die Linse L wie durch eine Lupe schwach vergrößert betrachtet werden kann. Die Benutzung einer mattierten Sammellinse an Stelle einer planparallelen Mattscheibe hat den

Kombiniertes Okular-Mattscheibensehrohr mit gemeinsamer Einblicköffnung.

Sehrohr mit wechselbarer Vergrößerung. Umschaltbarer Objektivkopf.

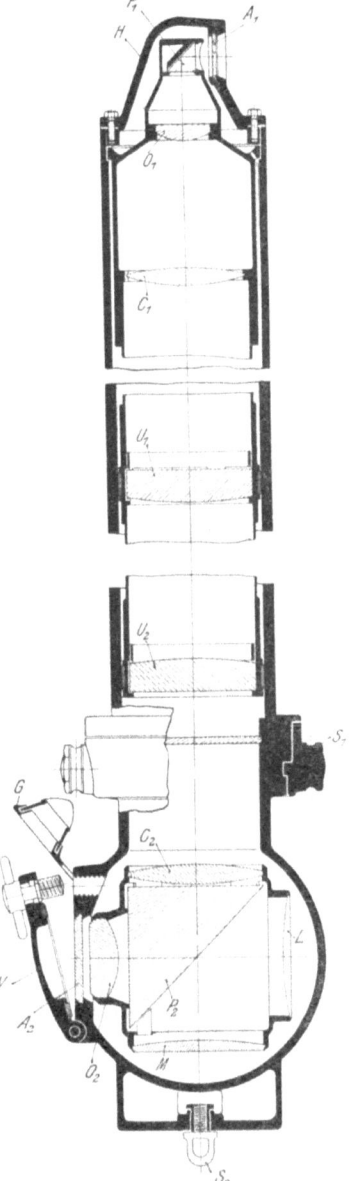

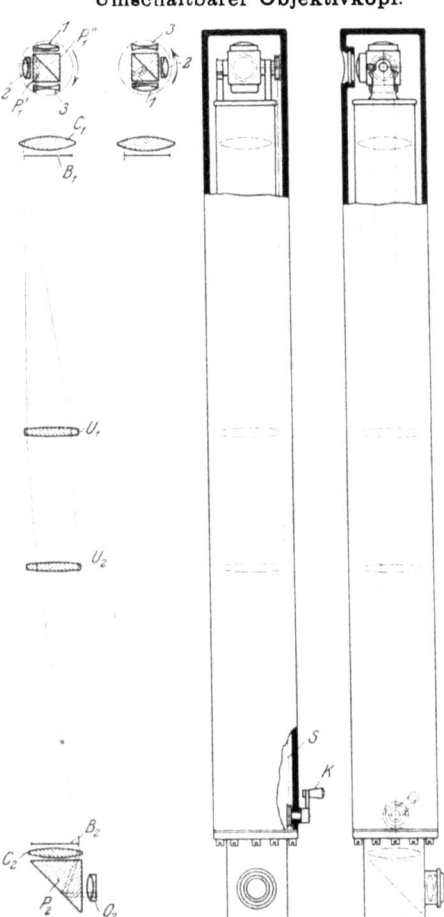

Fig. 12.   Fig. 13.

Vorzug, daß die nach den seitlichen Teilen des Bildes hinzielenden Strahlen nach dem Auge des Beobachters zu gebrochen werden. Man gewinnt auf die Art bedeutend an Licht, weil dann die Mattscheibe im ganzen durchsichtiger gehalten werden kann. Wollte man nämlich ohne dieses Hilfsmittel ein auf der ganzen Fläche annähernd gleichmäßig helles Bild erzielen, so müßte man eine wesentlich stärker zerstreuende Mattscheibe anwenden. Zum Schutz gegen Eindringen von Staub und Wasser ist der trommelförmig ausgebildete Hohlkörper, der die Wechselvorrichtung umschließt, vorn durch eine Planparallelplatte A_2 abgeschlossen.

Soll das Sehrohr für längere Zeit als Okularsehrohr benutzt werden, wie es z. B. bei Nacht der Fall wäre, so schlägt man zweckmäßigerweise die Augenmuschel G vor das Okular, um dem Auge eine gesicherte Stellung zuzuweisen.

Da das verhältnismäßig große Abschlußglas des Sehrohrs nicht denselben Wasserdruck auszuhalten vermag wie die kleine Augenlinse eines gewöhnlichen Sehrohrs, ist für den Fall eines Wassereinbruchs von oben noch der aufschraubbare Deckel V vorgesehen. Es müßten jedoch sehr ungünstige Umstände zusammentreffen, wenn vorher schon die sämtlichen darüber liegenden Linsen durchbrechen sollten. Im allgemeinen wird eine Gefahr nur dann bestehen, wenn der obere Teil des Sehrohrs zerstört ist.

Des weiteren sieht man in der Figur die bereits früher erwähnten Befestigungsstellen S_1 und S_2 für die Seile zum Aus- und Einfahren.

Auf etwas andere Art wird die Auswechslung des Mattscheibenbildes gegen das Okularbild bei den Zeißschen Sehrohren erreicht (D.R.P. 260158/1912; Zeiß, Jena). Hier sind die zur Okular- bzw. zur Mattscheibenbeobachtung erforderlichen optischen Elemente nicht fest miteinander verbunden, sondern werden durch einen Hebelmechanismus gegeneinander ausgewechselt, und nehmen erst in den beiden Endstellungen die erforderliche gegenseitige Lage ein.

C. Sehrohre mit wechselbarer Vergrößerung.

1. Okularrevolver. Während man, wie eingangs erwähnt, für die normale Beobachtung im allgemeinen den Eindruck des natürlichen Sehens haben will, stellte es sich doch bald als zweckmäßig heraus, zur besseren Erkennung von Einzelheiten, z. B. um den Typ eines feindlichen Schiffes besser sehen zu können, oder zur Beobachtung von Signalen, außer der Normalvergrößerung 1,5 auch noch stärkere Vergrößerungen zur Verfügung zu haben.

Am naheliegendsten ist die Anwendung des bei vielen anderen Instrumenten gebräuchlichen Okularrevolvers. Man bringt am unteren Teil des Sehrohrs einen

Drehkörper an, der mehrere Okulare verschiedener Stärke trägt, die nacheinander vorgeschlagen werden können. In bezug auf die Erreichung bestmöglicher optischer Korrektion ist diese Konstruktion die vorteilhafteste, jedoch hat sie den Nachteil, daß es schwerer wird, das Sehrohr genügend abzudichten, und vor allem, daß die Okulare längerer Brennweite unverhältnismäßig weit vor dem Sehrohr hervorstehen, da sie jetzt nicht mehr wie bei sämtlichen vorher besprochenen Instrumenten in das Innere des Hauptrohrs eingebaut werden können. Außerdem ändert sich auch im Gegensatz zu den nachstehend zu beschreibenden Konstruktionen die Größe der Austrittspupille, insofern als bei Einschaltung der stärkeren Vergrößerung die Austrittspupille im Verhältnis dieses Vergrößerungssprunges verkleinert wird.

2. Wechslung des oberen Objektivsystems (Bifokale Sehrohre). Aus allen diesen Gründen ist es meist vorteilhafter, den Wechsel an dem Objektivsystem des Sehrohrs vorzunehmen, wofür sich verschiedene Möglichkeiten ergeben. Eine sehr gebräuchliche Anordnung (D.R.P. angem.; Goerz, Berlin) besteht darin, daß man in den Kopf des Sehrohrs einen Drehkörper einbaut, der zwei mit ihren Hypotenusenflächen zusammengelegte rechtwinklige Prismen P'_1 und P''_1 trägt (Fig. 13). Die Hypotenusenflächen sind beide versilbert, so daß jedes der beiden rechtwinkligen Prismen als Eintrittsreflektor benutzt werden kann. Vor den Kathetenflächen der beiden Prismen befinden sich, möglichst nahe an sie herangerückt, die verschiedenen Elemente der beiden Objektivsysteme. Hat der den Reflektorkopf bildende Drehkörper eine solche Lage, daß die Linse 1 nach unten steht, so ist die optische Anordnung genau die gleiche wie bei den bisher beschriebenen Sehrohren. Wird aber der Reflektorkopf mit Hilfe der am Okularende angebrachten Kurbel K und des Stahlbandes S, oder durch andere analog wirkende Vorrichtungen von unten aus um $180°$ gedreht, so kommt das Prisma P'_1 zur Wirkung und das Licht muß die beiden Linsen 2 und 3 passieren. Da die Linse 3 als Negativsystem ausgebildet ist, ergeben beide zusammen ein Tele-Objektiv von wesentlich größerer Brennweite als die des Systems 1. Die Brennweitenverteilung aller dieser Linsen ist so berechnet, daß trotz der verschieden großen Systembrennweiten das von ihnen entworfene Bild beide Male an derselben Stelle, in der oberen Blendenebene B_1 entsteht. Nur ist das Bild im zweiten Falle wesentlich größer als im ersten, mithin auch das von dem Umkehrsystem U_1, U_2 in die untere Blendenebene B_2 projizierte Bild.

Statt eines einzigen Kopfes mit nur zwei optischen Systemen lassen sich auch mehrere derartige Drehkörper übereinander anordnen.

3. Vorsatzfernrohre. Anstatt mehrere Objektivsysteme gegeneinander auszuwechseln, kann man auch vor das ganze Sehrohr ein Fernrohr geringer Vergrößerung vorschalten, da ja bei jedem auf unendlich eingestellten Fernrohr die Strahlen wieder so austreten, als kämen sie direkt von einem ebenfalls unendlich fernen, nur entsprechend größeren Objekt her. Hat also z. B. das Vorsatzfernrohr eine zweifache Vergrößerung, so wird die Gesamtvergrößerung des Sehrohrs verdoppelt.

Schlägt man ein solches vorgeschaltetes System um 180° herum, derart, daß jetzt sein Okular dem Objekt zugewandt ist, so erscheint das Bild ebensovielmal verkleinert, als es bei der vorigen Stellung vergrößert wurde. Bei Anbringung an passender Stelle des Strahlengangs läßt sich die Anordnung auch so ausgestalten, daß man bei einer Drehung um nur 90° zwischen den Linsen des Vorsatzfernrohrs frei hindurchblickt. In diesem Falle hat man also nur die normale Vergrößerung der das eigentliche Sehrohr bildenden optischen Teile.

Im Interesse einer gedrungenen Anordnung ist es zweckmäßig, als Vorsatzfernrohr ein sogenanntes galileisches Fernrohr, bestehend aus positivem Objektiv und negativem Okular, anzuwenden. Einen besonders kurzen Bau kann man dann erhalten, wenn man den Strahlengang derartig wählt, daß sich die Hauptstrahlen zwischen den beiden Linsen des Vorsatzfernrohrs kreuzen (D.R.P. 237 072/1910; Zeiß, Jena).

In Fig. 20 sei O_1 die erste feste Linse des Sehrohrkopfs, die von einem unendlich entfernten Gegenstand bei B_1 ein Bild entwerfen mag. Die Eintrittspupille des Sehrohrs wäre dann EP, d. h. an dieser Stelle kreuzen sich alle in die Linse O_1 eintretenden Strahlenbündel. Setzt man nun dem Sehrohr das aus den beiden Linsen L_1 und L_2 bestehende galileische Fernrohr vor, so gibt dieses für sich eine Zusatzvergrößerung, wie sich aus dem eingezeichneten Strahlengang unmittelbar erkennen läßt. Denn die gestrichelt gezeichneten Strahlenbündel, die einen kleineren Winkel als die ausgezogenen unter sich einschließen, also auch einem kleineren Objekt entsprechen, werden nach dem Durchgang durch die Linsen L_1 und L_2 ebenfalls in die Richtung der letzteren gebrochen. Umgekehrt würde eine Verkleinerung eintreten, wenn die beiden Linsen L_1 und L_2 vertauscht wären, so daß Linse L_2 nach vorn zu stehen käme.

D. Panoramasehrohre (Rundblicksehrohre).

1. Panoramasehrohr ohne Bildaufrichtung. Bei den beschränkten Platzverhältnissen im Kommandoturm des Unterseeboots bedeutet es einen gewissen

Nachteil, daß der Beobachter, wenn er nach allen Richtungen sehen will, rund um das Instrument herumgehen muß. Es war deshalb als ein erheblicher Vorteil zu betrachten, als Sehrohre aufkamen, die den ganzen Horizont abzusuchen gestatten, ohne daß man seinen Platz vor dem Okular zu verlassen braucht.

Wollte man nun bei einem einfachen Sehrohr die Einrichtung treffen, daß man den oberen Reflektorkopf allein nach jeder gewünschten Richtung hin drehen kann, während im übrigen das Sehrohr stillstehen bleibt, so würde man wahrnehmen, daß die Bilder um so mehr sich auf die Seite legen, je mehr man den Reflektorkopf dreht, und bei der Visur nach rückwärts gerade auf dem Kopfe stehen. Schon der alte Hevelius[1]) hatte diese Lagenveränderungen des Bildes bei seinem Polemoskop erkannt und in Wort und Bild sehr ausführlich erklärt. Fig. 14 ist seiner „Selenographia" entnommen und zeigt ganz anschaulich, wie dieses sogenannte „Stürzen" der Bilder allmählich zustande kommt.

Für praktische Zwecke ist ein solches Instrument natürlich vollkommen unbrauchbar, weil die Beobachtung dadurch außerordentlich erschwert wird, daß es zum richtigen Verständnis des gesehenen Bildes immer erst einer gewissen Überlegung bedarf, von Winkelmessungen ganz zu schweigen. Trotzdem sind derartige Sehrohre mit stürzenden Bildern später tatsächlich konstruiert worden (vgl. Amerik. Patent 754464/1904; S. Lake, Bridgeport).

2. Wirkungsweise des Panoramafernrohres. Nun existierte aber bereits seit 1902 ein doppelt geknicktes Fernrohr, bei dem die Bedingung erfüllt war, daß man den oberen Reflektor beliebig nach allen Seiten des Horizontes drehen konnte, während das Bild dabei immer aufrecht stehen blieb, nämlich das sogenannte Panorama- oder Rundblickfernrohr (D. R. P. 156039/1902; Goerz, Berlin). Das Wesentliche eines solchen Fernrohrs besteht darin, daß man die Drehung, die das Bild infolge der Drehung des oberen Reflektorkopfs erfährt, durch die Drehung eines optischen Elements, die im umgekehrten Sinn auf die Stellung des Bildes wirkt, wieder aufhebt.

Von den verschiedenen Konstruktionen, die zu diesem Zwecke angewandt wurden, blieb die gebräuchlichste die Verwendung des sogenannten Doveschen Prismas. Ein solches ist in Fig. 15 dargestellt. Man kann es sich aus einem rechtwinklig-gleichschenkligen Prisma entstanden denken, indem man die den rechten Winkel enthaltende Ecke durch einen parallel der Hypothenusenfläche geführten Schnitt abtrennt. Läßt man in einem solchen Prisma einen Strahl parallel der Hypothenusenfläche auffallen, so wird dieser infolge der Brechung

---

[1]) Joh. Hevelius, l. c.

Erklärung des „Stürzens" der Bilder beim Drehen des Reflektorkopfes.
(Aus Hevelius, Selenographia.)

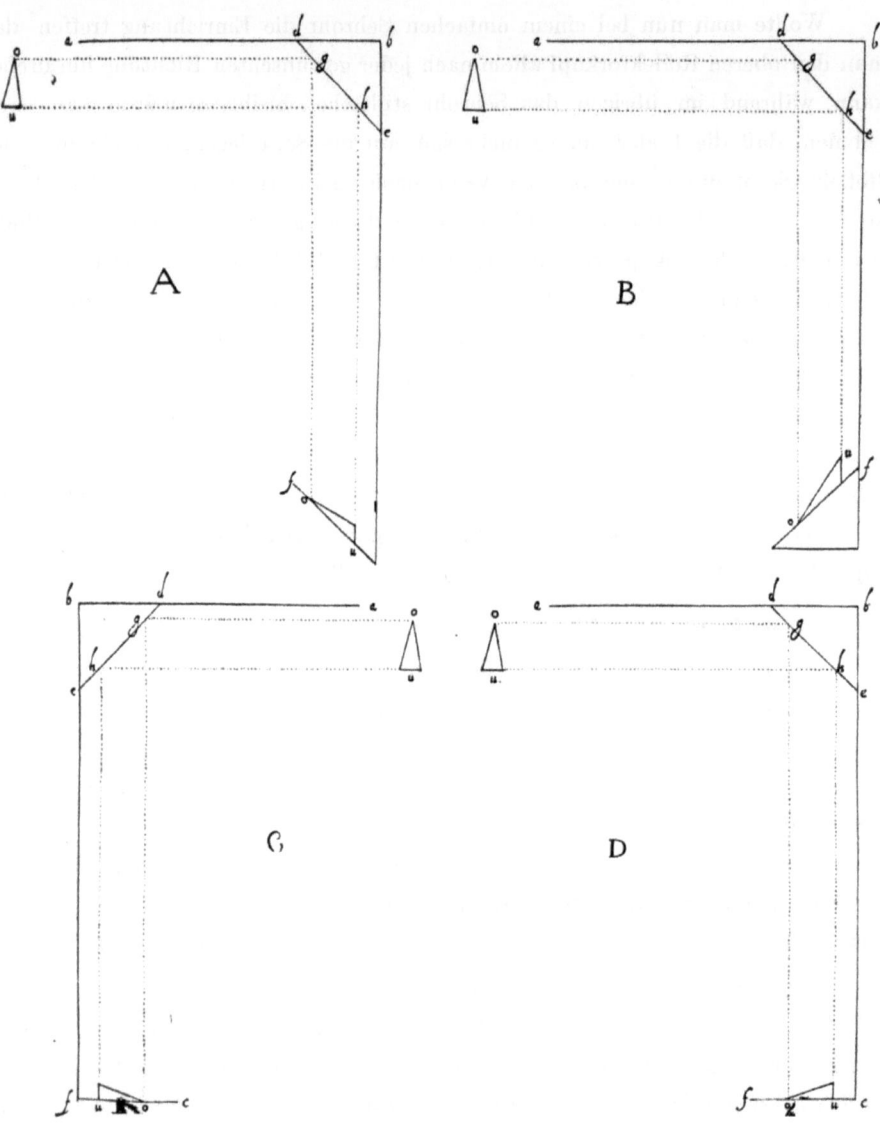

Fig. 14.

an der unter 45° geneigten Eintrittsfläche nach der Hypothenusenfläche hin gebrochen, dort total reflektiert, trifft auf die zweite ebenfalls unter 45° stehende Kathetenfläche auf und wird infolge der allseitigen Symmetrie von dieser wieder in die ursprüngliche Richtung gebrochen. Trotz der beiden Brechungen tritt eine Farbenzerstreuung nicht ein, da wegen der zwischenliegenden Reflexion die Brechungen sich gegenseitig kompensieren.

Drehung des Bildes durch das „Aufrichteprisma".

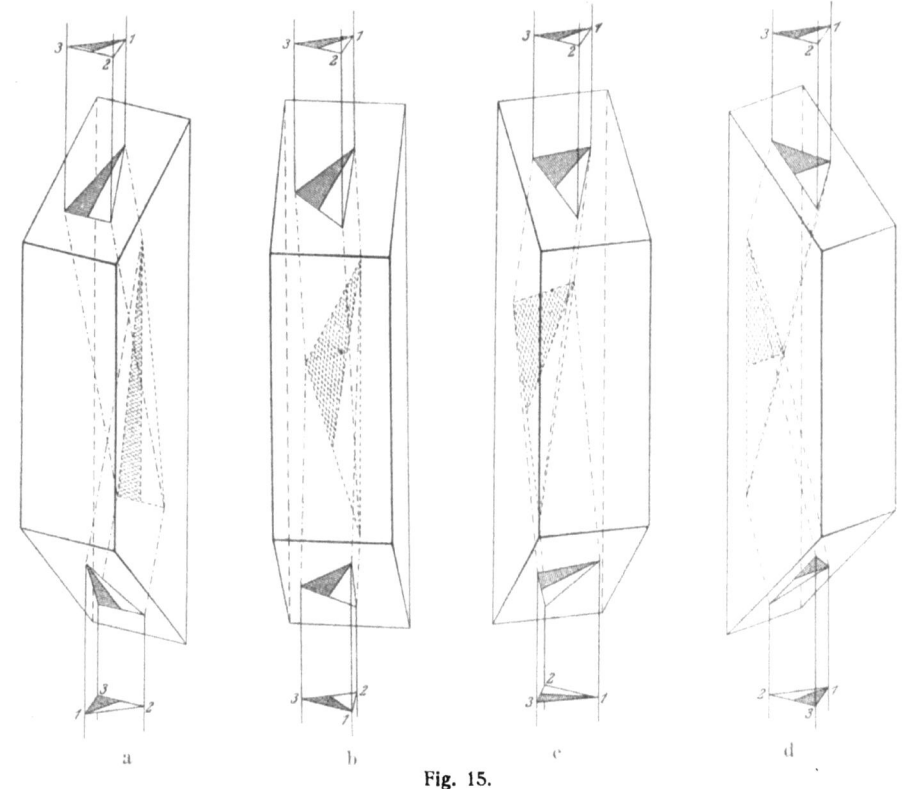

Fig. 15.

Infolge der an der Hypothenusenfläche stattfindenden einen Reflexion hat ein solches Prisma zunächst die Eigenschaft, ein Bild wie an einem Spiegel umzukehren. Fig. 15 a zeigt, wie dieser Vorgang erfolgt. Betrachtet man nämlich in der Stellung a das über dem Prisma gezeichnete Dreieck mit den Eckpunkten 1, 2, 3, so sieht man, daß auch nach dem Durchgang des Lichtes durch das Prisma die Seite 2, 3 ihre Lage im Raum beibehalten hat, während die Spitze 1 des Dreiecks nunmehr auf der andern Seite von 2, 3 liegt. An dem eingezeichneten Strahlengang ist zu erkennen, wie dieses Herumwerfen des Bildes auf die Kehrseite allmählich erfolgt.

Vor allem hat das Prisma aber auch trotz seiner Geradsichtigkeit die Eigenschaft eines einfachen Spiegels behalten, bei einer passenden Drehung das hindurch gegangene Bild in seiner Ebene zu drehen. Denn bringt man es aus der Stellung a successive in die Stellungen b, c und d, während das das Objekt darstellende Dreieck 1, 2, 3 seine Lage im Raum unverändert beibehält, so erkennt man, daß das unter dem Prisma gezeichnete Bild des Dreiecks wohl dieselbe Form behalten, aber sich ebenfalls gedreht hat, und zwar mit der doppelten Geschwindigkeit wie das Prisma selbst. In der Stellung d z. B. ist das Prisma gegen die Stellung a um 90^0 gedreht, das Bild dagegen bereits um 180^0.

Infolge dieser Eigenschaft kann man es dazu benutzen, das Stürzen der Bilder wieder zu kompensieren, die Bilder aufzurichten. **Es** wird daher in Instrumenten nach dem Panoramaprinzip meist auch als „**Aufrichteprisma**" bezeichnet.

3. Einfaches Panoramasehrohr. Unter der bisher gemachten Voraussetzung, daß ein Dovesches Prisma einem gewöhnlichen Sehrohr eingefügt würde, erhielte man jedoch Bilder, bei denen rechts und links vertauscht wäre, weil das Prisma das Bild nur in einer Richtung umkehrt. Um dies zu vermeiden, muß an einem der Prismen P_1 oder P_2 des Sehrohrs eine weitere Reflexion zugefügt werden. Am bequemsten geschieht dies an dem Eintrittsreflektor P_1, indem man diesen als Pentaprisma, oder noch besser als sogenanntes Dachkantprisma ausbildet.

Es ist jedoch nicht gleichgültig, an welcher Stelle das Aufrichteprisma in den Strahlengang eingeschoben wird, sondern vielmehr erforderlich, dasselbe an eine Stelle zu bringen, wo paralleler Strahlengang herrscht. Infolge der einen Reflexion wirkt es ja wie eine sehr dicke, unter 45^0 gegen die Achse geneigte Planparallelplatte und würde dementsprechend in einem konvergierenden oder divergierenden Strahlenbündel starken Astigmatismus hervorrufen.

Bei den ersten Konstruktionen setzte man es deswegen zwischen die beiden Umkehrsysteme U_1 und U_2 eines gewöhnlichen Sehrohrs (D. R.-P. 166684/1904; Goerz, Berlin), da ja, wie bereits im Anfang erwähnt, an dieser Stelle alle von einem Punkt herkommenden Strahlen parallel verlaufen. Man gelangt so zu der in Fig. 16 schematisch dargestellten Anordnung. Zum Vergleich mit dem einfachen Sehrohr (Fig. 4) sind alle Bezeichnungen ebenso gewählt wie dort. Als neu kommt nur das zwischen das Umkehrsystem $U_1 U_2$ eingeschaltete Dovesche

Prisma D hinzu. Ferner ist das Außenrohr geteilt, um den oberen, den Eintrittsreflektor P_1 enthaltenden Teil gegen das feststehende Okularteil drehen zu können, und es muß nach dem Vorhergehenden durch irgend welche Mittel Vorsorge getroffen sein, daß das Dovesche Prisma zwangläufig mit halber Winkelgeschwindigkeit im gleichen Drehungssinn bewegt wird. Wie dies konstruktiv zu erreichen ist, wird später ausführlicher beschrieben werden.

Schematischer Aufbau des Panoramasehrohres.

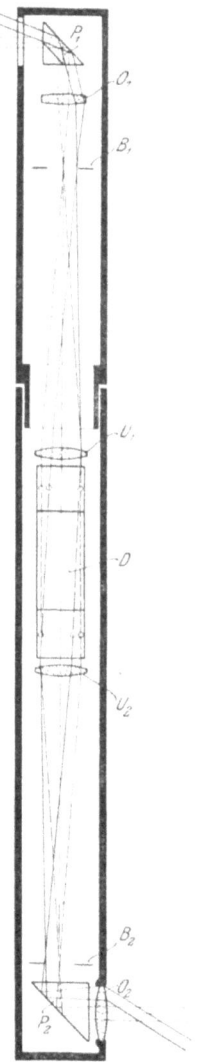

4. Panoramasehrohr aus mehr als zwei Einzelfernrohren. Setzt man das Dovesche Prisma wie beschrieben zwischen das Umkehrsystem eines gewöhnlichen Sehrohrs, so muß es sehr große Dimensionen erhalten, wenn nicht von der Austrittspupille ganz erheblich abgeschnitten werden soll. Man hätte hierfür Glasstücke von einer Größe nötig, wie sie nur schwer zu bekommen sind. Außerdem haben so große Prismen den Nachteil, daß sie viel Licht verschlucken und bei diesen Dimensionen nicht mehr genügend homogen sind.

Man gelangt nun zu einem erheblich kleineren Aufrichteprisma, wenn man (Fig. 17) das bereits früher erwähnte Hilfsmittel der Anordnung mehrerer hintereinander gesetzter Fernrohre auch auf das Panoramasehrohr anwendet (D.R.P. 183 424/1905; Goerz, Berlin). Man kann die Vergrößerung der vor dem Prisma liegenden Fernrohre so groß nehmen, daß die aus dem letzten derselben austretenden Hauptstrahlen miteinander gerade den Gesichtswinkel einschließen, den das Dovesche Prisma noch bewältigen kann. Unter diesen Umständen ist der Durchmesser der das Prisma durchsetzenden Strahlenbündel so weit als möglich reduziert. Dem nun folgenden letzten Fernrohr muß dann eine solche Vergrößerung gegeben werden, daß die verlangte Gesamtvergrößerungsziffer des Sehrohrs erreicht wird.

5. Anzeige der Blickrichtung im Gesichtsfeld. Da man nicht mehr wie beim gewöhnlichen Sehrohr sich mit dem ganzen Instrument nach der Richtung wendet, nach welcher man sehen will, sondern nunmehr immer in derselben Stellung vor dem Okular stehen bleibt, ist es erforderlich, eine Vorrichtung anzubringen, durch die dem Beobachter die jeweilige Blickrichtung sofort sicht-

Fig. 16.

bar gemacht wird. Man kann dies in der Art erreichen, daß man in die Bildebene des Sehrohrs (Fig. 17) eine Planparallelplatte setzt, die am Rand eine Gradteilung trägt, und daß man unmittelbar vor dieser eine zweite Platte mit einem Zeiger anordnet, die vermittels eines Zahnradgetriebes mit dem drehbaren Oberteil des Sehrohrs gekuppelt ist, derart, daß der Zeiger stets nach derselben Richtung zeigt, wie der Kopf des Sehrohrs (D.R.P. 167 723/1905, Goerz, Berlin). Dreht man diesen nach einer bestimmten Richtung, so sieht man im Gesichtsfeld den Zeiger auf der Gradteilung um dieselbe Winkelgröße wandern, und man braucht sich nur das Gesichtsfeld des Sehrohrs in die Horizontale umgeklappt zu denken, um sofort die Vorstellung zu haben, welchen Teil des Horizontes man gerade beobachtet.

6. Mechanische Konstruktion des Panoramasehrohres. Die ersten Panoramasehrohre waren im Prinzip ähnlich gebaut, wie dies in Fig. 17 schematisch dargestellt ist. Der untere feststehende Teil mit dem Okular ruhte auf einem mit dem Unterseeboot fest verbundenen Konsol, während das längere drehbare Oberteil direkt durch die Stopfbuchse nach außen ging. Die Drehung desselben konnte dann vermittels des unten sichtbaren Handrades erfolgen.

Wie schon oben beim einfachen Sehrohr erwähnt, ist aber hierzu während der Fahrt eine ziemliche Kraft erforderlich. Man versuchte deshalb bei dem **Panoramasehrohr** den Beobachter von jeder mechanischen Tätigkeit dadurch zu entlasten, daß man das Instrument mittels eines Elektromotors antrieb, so daß innerhalb je 10 Sekunden der ganze Horizont vor dem Beobachter sich einmal vorbeibewegte. Eine lösbare Kupplung gestattete das Panoramasehrohr in jeder beliebigen Blickrichtung festzuhalten und dann von Hand zu drehen, z. B. um ein auftauchendes Objekt genauer beobachten zu können. Neuerdings verzichtet man jedoch auf einen derartigen automatischen Antrieb, besonders, weil man das s t ä n d i g e Absuchen des ganzen Horizontes im allgemeinen nicht nötig hat und das fortwährende Vorbeiziehen des Bildes das Auge rasch ermüdet. Vielmehr genügt es, wenn der Beobachter den ganzen Horizont von Zeit zu Zeit einmal von Hand absucht.

Außerdem aber ist der Motorantrieb deswegen überflüssig geworden, weil der oben beim einfachen Sehrohr beschriebene Einbau in ein äußeres nicht drehbares Schutzrohr mit Glashaube, der eine leichte Bewegung von Hand ermöglicht, beim Panoramasehrohr ganz besonders vorteilhaft ist, so daß er dort auch zuerst angewandt wurde. Infolge der Bewegung in Kugellagern ist dann nur noch eine äußerst geringe Kraft zur Drehung erforderlich.

Ein solches modernes Panoramasehrohr ist in Fig. 18 im Schnitt dargestellt. Man sieht, wie weit durch die Hintereinanderschaltung mehrerer Fernrohre das Aufrichteprisma D verkleinert werden konnte. $B_1 B_2 B_3$ sind die drei Bildebenen. Die optischen Elemente tragen die analogen Bezeichnungen wie in den früheren

Panoramasehrohr aus drei Einzelfernrohren, mit Vorrichtung zur Anzeige der Blickrichtung im Gesichtsfeld.

Panoramasehrohr mit Glashaube.

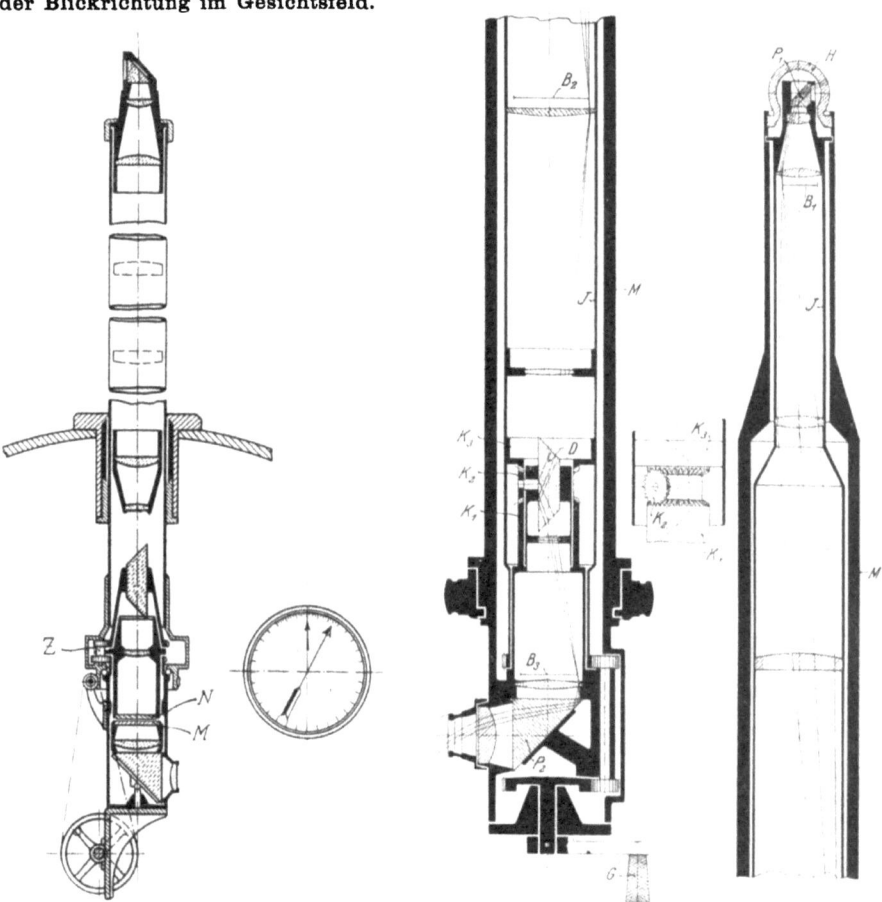

Fig. 17. Fig. 18.

Abbildungen. M ist das nur in der Höhe verschiebbare Außenrohr, J das drehbare Innenrohr. Der Antrieb desselben erfolgt vermittels der am untersten Ende des Rohres liegenden Kurbel G, die derart angeordnet ist, daß sie stets in die Richtung des Reflektorkopfes zeigt. Man braucht also zur oberflächlichen Orientierung gar nicht erst nach dem Zeiger am Rande des Gesichtsfeldes zu sehen, da man es unmittelbar im Gefühl hat, wohin man gerade blickt.

Die Drehung des Aufrichteprismas D mit der halben Geschwindigkeit und im gleichen Sinn wie der Eintrittsreflektor P_1 erfolgt in einfachster Weise dadurch, daß seine Fassung als drehbarer Zylinder ausgebildet ist, der an der Seite das Kegelrad K_2 trägt. Dieses letztere rollt zwischen zwei anderen Kegelrädern, von denen das untere K_1 mit dem feststehenden Außenrohr M des Sehrohres in fester Verbindung steht, während das obere K_3 an dem den Eintrittsreflektor P_1 tragenden drehbaren Innenrohr J sitzt.

Dreht man nun mit Hilfe der Kurbel G unter Vermittlung der Zahnradübertragung das Innenrohr, so wälzt sich das an diesem sitzende Kegelrad K_3 auf dem Rad K_2 ab. Infolgedessen bewegt sich die Achse dieses letzteren und damit auch das Aufrichteprisma nur mit der halben Winkelgeschwindigkeit wie K_3 um die Längsachse des Sehrohrs.

7. Bildaufrichtung durch Zylinderlinsen.

Außer der Bildaufrichtung durch drehbare Prismensysteme gibt es auch noch eine andere, optisch außerordentlich interessante Lösung dieser Aufgabe. Man kann nämlich die geradsichtige einseitige Bildumkehrung auch durch ein System zweier Zylinderlinsen erreichen, die so angeordnet sind, daß ihre Brennlinien zusammenfallen (D.R.P. 197 737/1906; Goerz, Berlin).

Einseitige Bildumkehrung durch zwei konfokale Zylinderlinsen.

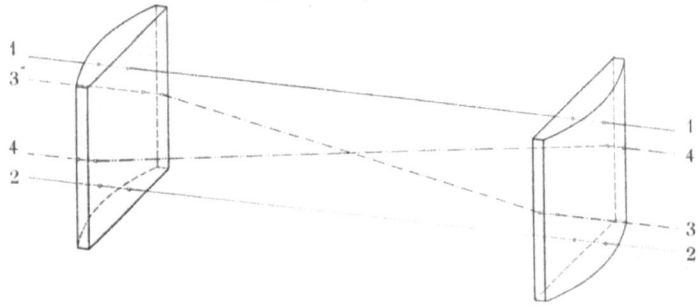

Fig. 19.

Die Wirkungsweise einer solchen Kombination ist in Fig. 19 dargestellt. Man sieht, daß in der einen Richtung, z. B. senkrecht zur Papierebene, die beiden Zylinderlinsen wirkungslos sind, indem die beiden Strahlen 1 und 2, die in dieser Ebene einfallen, durch beide Linsen hindurchgehen wie durch Planparallelplatten. Strahlen dagegen, die in einer dazu senkrechten Ebene einfallen, wie z. B. die beiden Strahlen 3 und 4, bleiben zwar nach dem Durchgang durch das System ebenfalls parallel zueinander, vertauschen aber ihre gegenseitige Lage beim Durchgang durch die gemeinsame Brennlinie. Die Folge davon ist, daß ein durch die Zylinderlinsen betrachtetes Bild nur nach einer Richtung eine Umkehrung erfährt, genau wie es bei der Spiegelung an der Hypotenusenfläche des Doveschen Prismas der Fall war. Infolgedessen kann auch dieses System zur Bildaufrichtung benutzt werden und seine Drehung muß ebenso wie dort mit der halben Winkelgeschwindigkeit des Reflektorkopfes erfolgen.

E. Omniskope.

1. Zusammenstellung mehrerer einzelner Sehrohre. Seit Beginn der Verwendung von Sehrohren auf Unterseebooten hatte man schon das Ziel im Auge, dem Beobachter ohne Drehen irgendwelcher Teile das ganze Bild des Horizonts gleichzeitig darzubieten. Man hat deswegen schon vorgeschlagen, im Kommandoturm des Unterseeboots eine größere Anzahl von Sehrohren aufzustellen, deren Blickrichtungen radial nach allen Seiten gehen (vgl. z. B. englisches Patent 27 044 C./1903, Electric Boat Company, New York). Dementsprechend befindet sich der Kopf des am Steuerrad stehenden Beobachters mitten zwischen den auf ihn zielenden Okularen (Fig. 21). Um den Fahrtwiderstand zu vermindern, sind sämtliche Sehrohre von einem gemeinsamen elliptischen Gehäuse umschlossen, das nur die Eintrittsreflektoren durchtreten läßt.

Eine derartige Anordnung ist jedoch für moderne Begriffe geradezu unmöglich, da man einmal im Kommandoturm ungemein viel Platz verliert und auch der Fahrtwiderstand unzulässig erhöht wird, ganz abgesehen von den hohen Kosten, die durch die Beschaffung von so vielen einzelnen Sehrohren verursacht würden.

2. Vereinigung mehrerer Sehrohre zu einem Instrument. Eine Verbesserung des obigen Gedankens bedeutete es bereits, als man versuchte, die sämtlichen Sehrohre zu einem einheitlichen Instrument zusammenzufassen (D.R.P. 192793/1906; S. Lake, Berlin). Das nach vorwärts gerichtete Sehrohr, welches das Hauptbild liefern soll, ist zentral angeordnet und überragt die Seitenbilder liefernden Sehrohre, deren Okulare unmittelbar neben dem des Hauptrohres liegen und, im Gegensatz zu früher, parallel zu diesem gerichtet sind. Natürlich muß dann durch besondere Prismensysteme dafür gesorgt sein, daß auch die Seitenbilder aufrechte Lage haben. Immerhin bleibt aber auch hier der Nachteil, den die Kombination mehrerer vollkommener Sehrohre hat, bestehen, daß man nämlich, um die verschiedenen Teile des Horizonts beobachten zu können, nacheinander in verschiedene Okulare blicken muß.

3. Vereinigung mehrerer Sehrohre mit einem gemeinsamen Okular. Dieser Nachteil ist nun vermieden durch eine Konstruktion, bei der sämtliche Bilder in dem Gesichtsfeld eines und desselben Okulars liegen (D. R. P. 173551/1904; F. Rehm, Lichtenfels). Man ging hier von dem Gedanken aus, daß man im allgemeinen bloß nach einer Richtung ein genügend großes Bild nötig hätte, wäh-

Vergrößerungswechsel durch vorschaltbares galiläisches Fernrohr.

Einbau mehrerer radial gestellter Sehrohre.

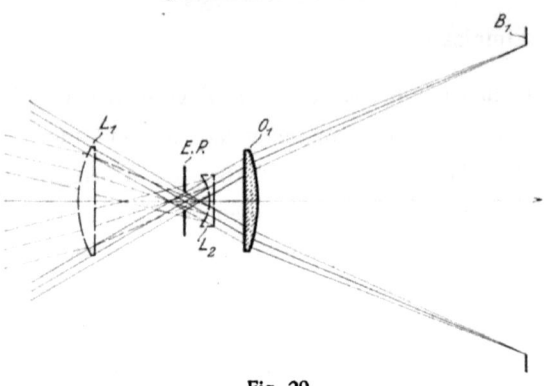

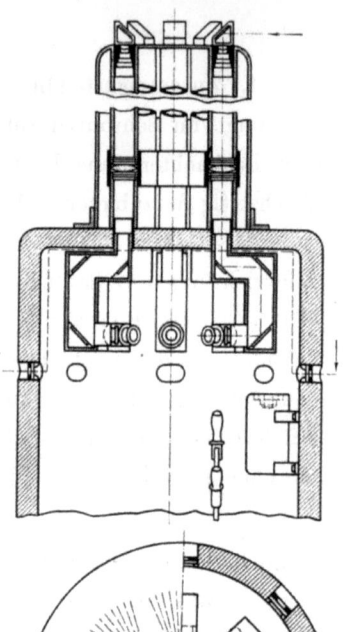

Fig. 20.

Gesichtsfeld eines mehrfachen Sehrohres mit einem Hauptbild und drei, verschiedenen Blickrichtungen zugehörigen Nebenbildern.

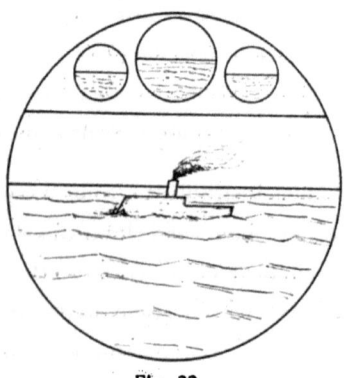

Fig. 22.   Fig. 21.

rend man sich nach den anderen Teilen des Horizonts mit kleineren Bildern begnügen könne, da diese ja nur dazu dienen sollen, den Beobachter auf etwa auftauchende neue Objekte aufmerksam zu machen. Es sind deshalb in das Rohr des das Hauptbild entwerfenden Sehrohres mehrere kleinere Sehrohre eingesetzt, deren Bilder im oberen Teil des Gesichtsfeldes des Hauptbildes entworfen werden, so wie Fig. 22 schematisch andeutet, da man sich sagte, daß bei der Beobachtung der Himmel nur von untergeordneter Bedeutung sei und man also von diesem Teil des Gesichtsfeldes ein gewisses Stück für andere Zwecke abschneiden kann. Ein Nachteil dieser Konstruktion besteht aber darin, daß man verhältnismäßig viel Hilfssehrohre einbauen müßte, wenn man ein geschlossenes Bild des ganzen Horizonts haben wollte, denn selbst wenn man den kleinen Sehrohren nur die Vergrößerung 1 geben würde, so wären in diesem Fall außer dem Hauptsehrohr schon 5—6 Hilfssehrohre erforderlich. Abgesehen von der Komplikation und Verteuerung des Instruments würde man dann aber wieder einen großen Teil des Gesichtsfeldes des Hauptbildes einbüßen, oder man müßte die Vergrößerung der kleinen Hilfssehrohre noch weiter reduzieren.

Aus allen diesen Gründen haben sich derartige Instrumente nicht einzubürgern vermocht.

F. Ringbildsehrohre.

1. Mangins Perigraph und Periskop. In vollkommenster Weise wird der Zweck, den ganzen Horizont mit einem Male zu überblicken, erreicht, wenn man als Eintrittssystem des Sehrohrs eine sogenannte Ringspiegellinse wählt.

Die erste leidlich brauchbare Ringspiegellinse stammt von dem französischen Obersten Mangin[1]), der sie ursprünglich zur Herstellung photographischer Panoramabilder für topographische Zwecke erdacht hatte.

Anfänglich hatte Mangin einen ringförmigen, oberflächenreflektierenden Spiegel benutzt. Denkt man sich ein kleines Stück eines unendlich schmalen Konvexspiegels unter 45° gegen die Vertikale geneigt, so würde es von einem am Horizont gelegenen Objekt ein virtuelles Bild senkrecht über sich selbst entwerfen. Bewegte man dann dies schmale Spiegelstückchen um eine exzentrisch liegende vertikale Achse herum, bzw. stellte man einen spiegelnden Rotationskörper her, dessen Erzeugende der betrachtete unendlich schmale Konvexspiegel wäre, so müßte man über diesem spiegelnden Ring ein vollständig geschlossenes Bild des ganzen Horizonts erhalten.

In Wirklichkeit kann man nicht jeden beliebigen Kreisbogen als Erzeugende benutzen, da man, abgesehen von allen übrigen optischen Fehlern vor allen Dingen einen außerordentlich starken Astigmatismus erhalten würde. Die Lage des Krümmungsmittelpunkts der Erzeugenden in bezug auf die Drehachse muß deshalb in

---

[1]) Association française pour l'avancement des sciences. Compte rendu de la 7. Session Paris 1878. S. 339—349.

erster Linie so berechnet sein, daß der Astigmatismus vollkommen aufgehoben wird. Dies ist auch der Grund, weshalb Mangin einen negativen Ringspiegel verwandte, obwohl der Gedanke eines positiven Ringspiegels, der ein reelles, unmittelbar auffangbares Bild geliefert hätte, ihm näher liegen mußte. Er kam dann weiter zu dem Schluß, daß als Erzeugende streng genommen ein Stück eines Parabelbogens zu wählen sei, um die von einem unendlich entfernten Objekt herkommenden Strahlenbündel aberrationsfrei abbilden zu können. In Wirklichkeit ersetzte er diesen jedoch durch den entsprechenden Krümmungskreis. Später ging Mangin auf einen Vorschlag des Majors de la Noë hin von der Verwendung von Oberflächenspiegeln ab, deren Nachteile ja zur Genüge bekannt sind, und gelangte so zu einer Ringspiegellinse, deren Querschnitt ein von drei Kreisbögen begrenztes Dreieck bildete.

Da ein solcher Ringspiegel bzw. eine solche Ringspiegellinse nur virtuelle Bilder liefert, setzte Mangin zentral darunter ein photographisches Objektiv, um so das virtuelle Ringbild als reelles auf einer photographischen Platte auffangen zu können.

Später wurde das Prinzip dieses Apparates auch zur Konstruktion von Sehrohren verwandt, indem an die Stelle der photographischen Platte ein Okular trat.

Mangin hatte jenen photographierenden Apparat mit Rücksicht auf seine Eigenschaften Perigraph genannt. Seit der Zeit jedoch, als man ihn zur visuellen Beobachtung verwandte, findet sich in der Literatur immer häufiger dafür das Wort Periskop. Leider hat sich dieses, ursprünglich nur eine einzelne Klasse von Sehrohren bezeichnende Wort späterhin ganz allgemein für Sehrohre eingebürgert, besonders in Deutschland. Zudem war bereits lange vorher, 1865, der gleiche Name von C. A. Steinheil einem ganz bestimmten photographischen Objektiv beigelegt worden, das unter dieser Bezeichnung auch heute noch recht verbreitet ist. Man sollte deswegen dahin streben, das Wort Periskop bei den Sehrohren wenn auch nicht ganz zu vermeiden, so doch wenigstens auf seine ursprüngliche Bedeutung zu beschränken.

2. Ringspiegellinse von Aldis. Infolge des Interesses, das in der neuesten Zeit der Entwicklung der Sehrohre entgegengebracht wurde, wurde auch das schon fast in Vergessenheit geratene Ringbildsehrohr wieder aktuell. Das Verdienst, die Aufmerksamkeit wieder auf die Ringbildsehrohre gelenkt zu haben, gebührt den Engländern. Es ist hier eine Ringspiegellinse zu erwähnen, bei der den Hauptstrahlen ein aberrationsfreier Verlauf gegeben ist. Die Bedingung hierfür ist, daß die spiegelnde Oberfläche von einem Rotations-Hyperboloid gebildet wird, sofern man die die Ringspiegellinse einschließenden Kugelflächen passend wählt (Engl. Patent 15 188/1908 und D. R. P. 230 703/1909; The Improved Periscope Limited, London).

Jedoch ist dann keine Möglichkeit vorhanden, die sphärische Aberration zu heben, d. h. alle von einem Objektpunkt herkommenden Strahlen auch wieder in einem Bildpunkt zu vereinigen. Es erscheint deshalb richtiger, das Hauptaugenmerk hierauf zu richten, besonders da man den Gang der Hauptstrahlen auch auf andere Weise beeinflussen kann.

3. Sphärisch korrigierte Ringspiegellinse. Eine Ringspiegellinse, die den genannten Bedingungen entspricht, ist in Fig. 23 dargestellt (D. R. P. 246 761/1911; Goerz; Berlin). Die Innenfläche 2 ist die Spiegelfläche, 1 ist eine Kugelfläche, und 3 eine Planfläche. Die kugelförmige Eintrittsfläche 1 erzeugt von dem unendlich entfernten Objektpunkt ein Bild in dem dahinterliegenden Punkt 4,

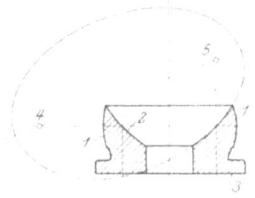

Fig. 23.

und erst dieses Bild dient dann wieder als Objekt für die Spiegelfläche 2, so daß das schließliche virtuelle Bild im Punkt 5 liegt. Infolgedessen ist es erforderlich, als Erzeugende für den Ringspiegel 2 eine exzentrisch gestellte Ellipse mit den beiden Brennpunkten 4 und 5 zu nehmen, da nur dann der Punkt 5 genügend aberrationsfrei erscheint. Durch passende Wahl des Durchmessers der Ringspiegellinse bei gegebener Brennweite läßt sich auch der Astigmatismus vollkommen beseitigen. Nimmt man auch als Eintrittsfläche eine deformierte Fläche bestimmter Art, so ist es möglich, auch noch deren geringe Aberration zu beseitigen. Naturgemäß ist es außerordentlich schwierig, derartige deformierte Flächen mit genügender Präzision herzustellen.

4. Kombiniertes Ringbildsehrohr. Mit einer solchen Ringbildlinse läßt sich nun ein Sehrohr bauen, das den ganzen Horizont mit einem Mal als Ring abbildet und das gleichzeitig noch mit einem gewöhnlichen Sehrohr kombiniert ist zum Zweck, in dem vom Ringbild umschlossenen sonst unbenutzten Raum einen Teil des Horizonts nochmals in größerem Maßstabe erscheinen zu lassen. Man sieht dann im Okular ein Bild der Art, wie es Fig. 24 zeigt. Der in der Mitte erscheinende Teil ist derselbe, den man senkrecht darüber in dem Ringbild verkleinert erblickt. Dreht man das ganze Sehrohr nach einem anderen Punkte des Horizonts, so erscheint, ganz wie bei einem gewöhnlichen Sehrohre, auch wieder dieser Teil des Horizonts in dem mittleren Gesichtsfeld. Gleichzeitig dreht sich das ganze Ringbild in seiner Ebene soweit herum, daß wieder die entsprechenden Teile beider Bilder übereinanderstehen. Man kann also ein solches kombiniertes Ringbildsehrohr ebenso benutzen, wie ein gewöhnliches Sehrohr, hat aber gleichzeitig den Vorteil, daß man zur allgemeinen Orientierung stets den ganzen Horizont auf einmal, wenn auch stark verkleinert, am Rand des Bildfeldes übersehen kann.

Gesichtsfeld eines kombinierten Ring-Mittelbildsehrohrs.

Fig. 24.

Den Bau eines derartigen kombinierten Ringbildsehrohres (D.R.P.244515/1910; Goerz, Berlin) veranschaulicht Fig. 25. R stellt die Ringbildlinse dar, die von dem ganzen Horizont das virtuelle ringförmige Bild B'_1 entwirft; dieses vertritt dann die Stelle des sonst in der obersten Bildebene liegenden Bildes, wird also durch die Umkehrlinsen U_1 U_2 genau wie beim gewöhnlichen Sehrohr in die untere Bildebene B'_2 abgebildet und durch die Okularlinsen C_2 und O_2 betrachtet. Soll außerdem in dem innern Teil des Ringbildes ein gewöhnliches Bild erscheinen, so muß

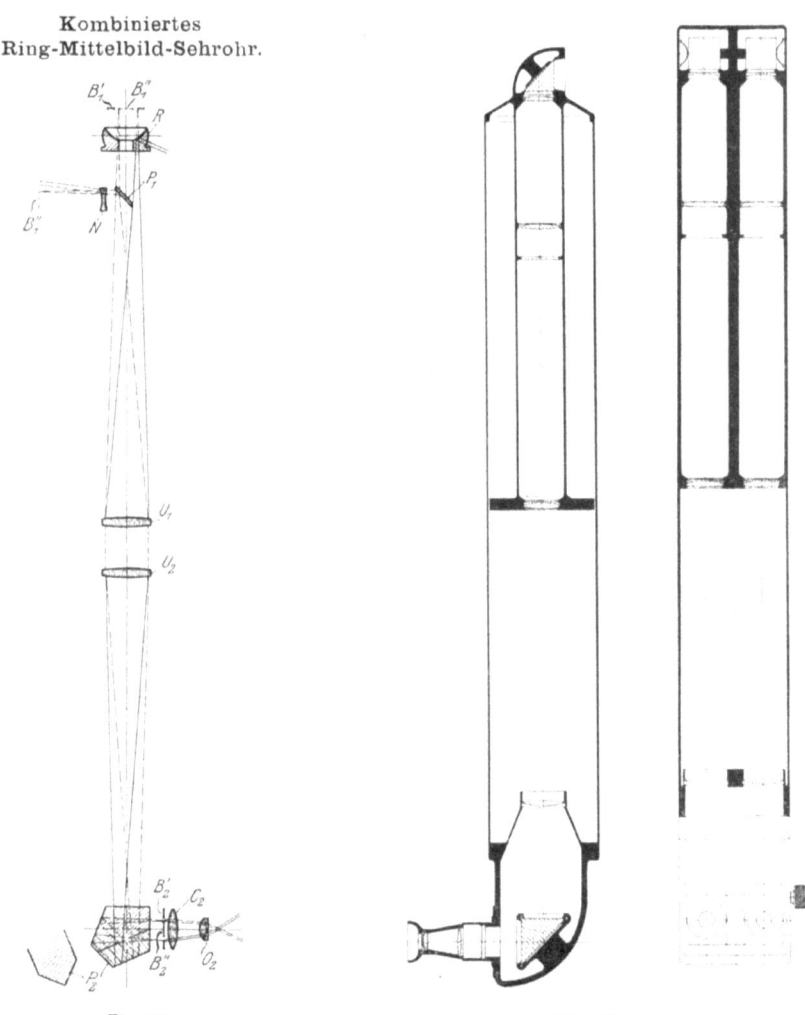

Kombiniertes Ring-Mittelbild-Sehrohr.

Binokulares Sehrohr aus zwei miteinander verbundenen einzelnen Sehrohren.

Fig. 25. Fig. 26.

das Eintrittsobjektiv dieses ebenfalls in die Ebene des Bildes B'_1 projizieren. Einen besonders günstigen Aufbau erhält man dann, wenn man als Eintrittsobjektiv in diesem Falle eine Negativlinse N benutzt und durch einen Spiegel P_1 das durch sie hindurchgetretene Licht nach unten in das Sehrohr lenkt. Das zentrale Bild

B''_1 wird dann von dem Umkehrsystem $U_1\ U_2$ ebenso wie das Ringbild B'_1 in die Blendenebene des Okulars projiziert.

Früher versuchte man die Aufgabe, den besonders interessierenden Teil des Horizonts in genügender Größe sehen zu können, dadurch zu lösen, daß man am unteren Ende des Sehrohrs einen Okularrevolver mit zwei Okularen anbrachte, einem solchen von längerer Brennweite zum Betrachten des gesamten Ringbildes und einem zweiten von geringerer Brennweite, das sich im Kreis vor dem ganzen Ringbild herum bewegen läßt und mit dem man einen Ausschnitt aus dem gesamten Ringbild in genügender Vergrößerung beobachten kann. Ein Nachteil dieser Konstruktion ist jedoch der, daß man während der Betrachtung des großen Bildes nicht mehr gleichzeitig den ganzen Horizont vor sich hat, daß man ferner auf diese Weise auch das vergrößerte Bild verzerrt sieht, und daß überhaupt die Güte des vergrößerten Bildes eine recht geringe ist.

5. Verzeichnung der Ringbilder. Naturgemäß hat jedes ringförmige Bild des gesamten Horizonts eine starke Verzeichnung, die deswegen unvermeidlich ist, weil ja wie in einem Rundgemälde der Horizont scheinbar auf einer Kugelfläche liegt, in deren Mittelpunkt der Beobachter steht. Bei der Abbildung im Ringbildsehrohre muß nun diese Kugelfläche in einen ebenen Kreisring umprojiziert werden, so daß z. B. alle Linien, die vorher vertikal standen, jetzt radial vom Mittelpunkt des Kreisringes aus verlaufen. Trotzdem kann man in gewissem Sinne von einer Verzeichnungsfreiheit der Ringspiegellinse reden, wenn man nämlich als Objekte nur solche im Horizont und von unendlich geringer Höhe und Breite betrachtet und verlangt, daß das Verhältnis dieser beiden Dimensionen zueinander ungeändert bleibe.

So bestechend auch im ersten Moment der Gedanke ist, den ganzen Horizont auf einmal überblicken zu können, so scheinen sich doch die Ringbildsehrohre auf die Dauer nicht einzubürgern. Denn einmal kann man diesen Vorteil des Ringbildes nicht voll ausnutzen, weil es unter allen Umständen gegenüber dem freien Sehen verkleinert sein muß. Außerdem kann man ja mit dem Gesichtsfeld des Okulars über eine gewisse Größe, im allgemeinen 60 bis 65 Grad, nicht gut hinausgehen, so daß also für das Hauptbild nur ein kleinerer Teil übrig bleibt als bei einem gewöhnlichen Sehrohr. Schließlich ist aber auch die Orientierung in dem verzerrten Bild des Horizonts recht schwierig. Denkt man sich z. B., ein Unterseeboot wolle sich in der Nähe feindlicher Schiffe nur auf einen möglichst kurzen Moment vermittels eines Sehrohrs orientieren, so dürfte es geradezu unmöglich sein, wegen der Verzerrungen des Bildes und der verschiedenen Neigung der einzelnen Teile rasch einen Überblick über die Situation zu gewinnen.

G. Binokulare Sehrohre.

1. Kombination zweier einzelner Sehrohre. Beim Mattscheibensehrohr war bereits darauf hingewiesen worden, daß es eine wesentliche Erleichterung für den Beobachter bietet, gleichzeitig mit zwei Augen beobachten zu können. Man hat deswegen auch versucht, die Sehrohre genau wie ein Doppelfernrohr binokular zu bauen, so daß jedem Auge sein besonderes Okularbild dargeboten wird. Man erreicht auf diese Art neben dem zwangfreieren Sehen gleichzeitig auch eine größere Helligkeit, da die von den beiden Augen wahrgenommenen Bilder sich gegenseitig unterstützen.

In optischer Beziehung am einfachsten ist es, wenn man zwei Sehrohre auf ihrer ganzen Länge nebeneinander herführt und in ein gemeinsames Umhüllungsrohr einschließt. Hierbei hat man jedoch bedeutend größere Rohrdurchmesser nötig, als sie für heutige Begriffe erlaubt sind. Man kann deshalb dieses Hilfsmittel nur bei Instrumenten geringer Länge anwenden. Ein solches ist in Fig. 26 schematisch dargestellt. Man sieht, daß jedes der beiden Teilsehrohre die gleiche Optik enthält, wie sie oben für ein gewöhnliches Sehrohr als normal angegeben war.

Bei einem solchen binokularen Instrument muß jedoch noch eine Einrichtung vorhanden sein, um den Okularabstand dem Augenabstand des Beobachters anpassen zu können. Zu diesem Zweck bewegen sich beide Okulare oder auch nur eines derselben in einem Schlitten, so daß man mittels des auf der rechten Seite sitzenden Triebknopfes ihre gegenseitige Entfernung verstellen kann. Gleichzeitig müssen dann im Innern Einrichtungen vorhanden sein, die trotz der Verschiebung der Okulare die optischen Achsen stets parallel zueinander halten.

Leider lassen sich auf diese Weise nur Sehrohre verhältnismäßig geringer Länge bauen, da sonst naturgemäß der Durchmesser unzulässig groß würde.

2. Teilung der Strahlenbündel. Anstatt nun zwei getrennte Sehrohre zu verwenden, kann man auch die von einem einzigen Objektiv herkommenden Strahlen durch eine an passender Stelle eingeschobene Teilungsvorrichtung in zwei Bündel spalten und erst diese getrennten Okularen zuführen. In Fig. 27 sind drei verschiedene Möglichkeiten einer solchen Teilung der Büschel dargestellt. In allen drei Fällen sei z. B. die im Querschnitt gezeichnete oberste Linse die letzte Linse des Umkehrsystems, entsprechend der Linse U_2 in den früheren Figuren. Bei der Ausführung nach Fig. 27 a sind hinter diese Linse zwei rhombische Prismen gesetzt, von denen jedes die Hälfte der aus jener Linse austretenden Strahlen aufnimmt und nach entgegengesetzten Seiten weiterleitet. Wie früher beschrieben, ist die Linse U_2 maßgebend für die Form und Größe der Austrittspupille, da also nunmehr für jede Fernrohrhälfte nur die Hälfte der Linse U_2 zur Wirksamkeit kommt, erhält man hinter den Okularen keine runden, sondern nur halbkreisförmig nach verschiedenen Seiten stehende Austrittspupillen. Statt die Prismen Kopf an Kopf aneinander stoßen zu lassen, kann man sie auch halb so breit machen und dafür nebeneinander anordnen, so wie dies in Fig. 27b dargestellt ist. In diesem Falle wird das Objektiv U_2 in einer anderen Richtung geteilt, so daß die beiden halbkreisförmigen Austrittspupillen gegen vorher um 90^0 gedreht erscheinen.

Teilung der von einem gemeinsamen Objektiv herkommenden Strahlenbündel und Zuführung zu zwei getrennten Okularen.

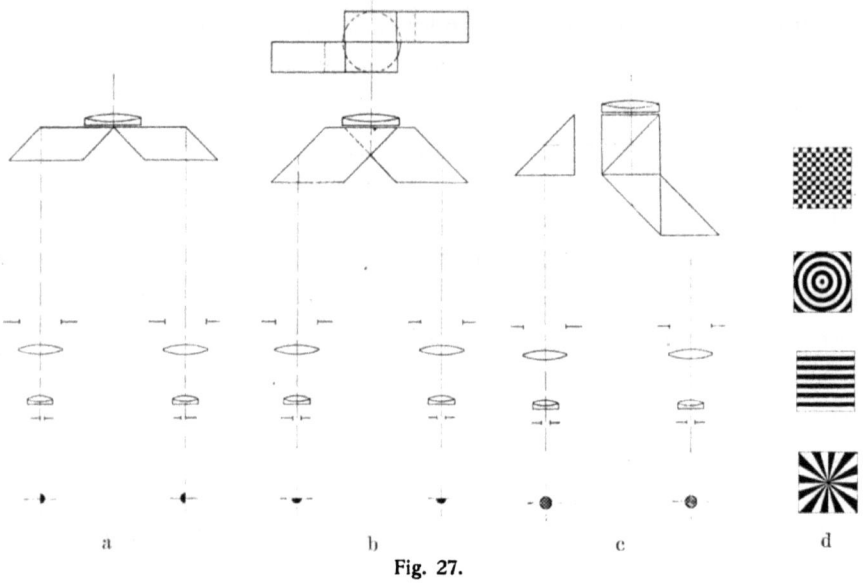

Fig. 27.

Eine wesentlich andere, bisweilen ebenfalls benutzte Art der Teilung der Büschel zeigt Fig. 27c. Die Teilung erfolgt hier dadurch, daß hinter dem Objektiv U_2 eine zwischen zwei rechtwinkligen Prismen eingekittete Spiegelfläche angeordnet ist, die jedoch nach einem bestimmten Muster unterbrochen ist. Verschiedene Formen dieser Spiegelfläche sind unter d dargestellt. Die Strahlen, die von dem Objektiv U_2 kommen, werden an den versilberten Stellen der Trennungsfläche beider Prismen nach links reflektiert, während sie an den Stellen, wo die Versilberung fehlt, frei hindurchtreten und von den darunter befindlichen Prismen nach dem rechten Okular gelenkt werden.

Ein Nachteil dieser Anordnung c ist jedoch der, daß infolge der an den Rändern der Trennungsflächen entstehenden Beugungserscheinungen die Bildschärfe leidet, ferner, daß die Helligkeit der gesehenen Bilder nur halb so groß ist, wie wenn man durch das Sehrohr frei hindurchblicken könnte. Bei den beiden Anordnungen a und b wird nämlich bei hellem Wetter die Augenpupille des Beobachters meist einen kleineren Durchmesser haben als die Breite der halbkreisförmigen Austrittspupille, so daß sein Auge vollkommen mit Licht ausgefüllt erscheint, während bei der Anordnung nach c infolge der sehr feinen Unterteilung die Augenpupille des Beobachters unter allen Umständen entsprechend der Form der Teilungsfläche abgeblendet wird.

H. Sehrohre mit eingebautem Kompaß.

Zur Ermittlung des magnetischen Azimutes, unter dem ein Objekt von dem Unterseeboot aus erscheint, hat man auch versucht, in das Sehrohr einen Kompaß einzubauen (vgl. z. B. österr. Patent 57 588/1911; Electric Boat Company, New York). Bei dieser Konstruktion ist im Kopf des Sehrohrs über dem Eintrittsreflektor P_1 eine Kompaßrose K angebracht (Fig. 28), die durch eine darüber liegende Mattscheibe M oder bei Dunkelheit durch eine Glühlampe G beleuchtet werden kann. Vermittels des kleinen Prismas P_1' und einer Collimatorlinse L wird der vordere Rand der Kompaßrose auf unendlich projiziert, da er sonst nicht gleichzeitig mit dem praktisch gleichfalls in unendlicher Entfernung befindlichen Objekt scharf abgebildet werden könnte. In dem Gesichtsfeld sieht man dann einen kleinen Teil vom Himmel abgetrennt, in dem der in der Blickrichtung liegende Ausschnitt der Kompaßrose erscheint. Ein durch die Mitte des Gesichtsfeldes hindurchgehender Vertikalfaden gestattet, das anvisierte Objekt einzustellen und gleichzeitig die Stellung des Kompasses zu ihm abzulesen. Bringt man das Sehrohr in die Richtung der Bootsachse, so liest man den magnetischen Kurs des Unterseeboots ab.

Der Einbau des Magnetkompasses in den Kopf eines Sehrohrs bietet den Vorteil, daß er auf diese Art möglichst weit von den Eisenmassen des Untersee-

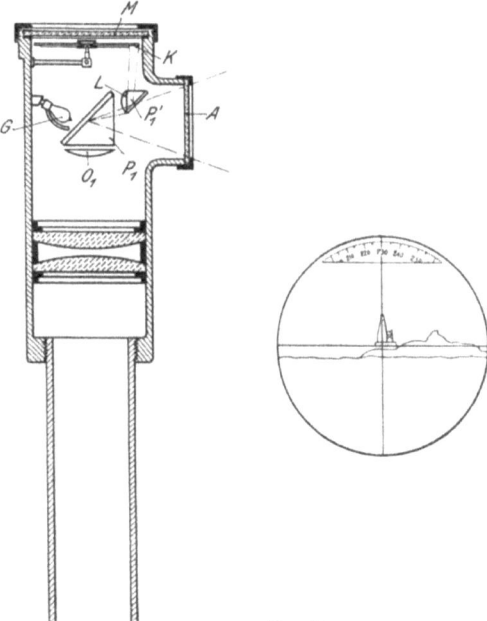

Sehrohr mit eingebautem Magnetkompaß.

Fig. 28.

boots entfernt zu liegen kommt, während er im Innern des Boots selbst bekanntlich vollkommen unbrauchbar wird. Man kann ihn deshalb im Notfall zur Kontrolle des Kreiselkompasses heranziehen. Allerdings kann es sich hierbei wegen des beschränkten Rohrdurchmessers immer nur um relativ kleine Kompasse mit entsprechend geringer Richtkraft handeln.

Unter Umständen kann es auch zweckmäßig erscheinen, dem am Sehrohr stehenden Beobachter den gesteuerten Kurs ständig sichtbar zu machen. In diesem Fall muß man eine Tochterrose des Kreiselkompasses in das Okulargesichtsfeld einbauen, weil diese ihre Anzeige mit der Stellung des Sehrohrs nicht ändert.

J. Vorrichtungen zur Entfernungsbestimmung.

1. Telemeterplatten. Bereits zu Anfang ist darauf hingewiesen worden, wie wichtig es ist, mit Hilfe des Sehrohrs auch Entfernungen schätzen zu können. Nun ist ja zur Genüge bekannt, daß eine richtige Entfernungsschätzung ohne jegliche Hilfsmittel schon beim freien Sehen außerordentlich schwierig, ja für manche Menschen geradezu unmöglich ist. Beim einäugigen Sehen durch ein optisches Instrument ist dies jedoch in noch viel höherem Maße der Fall. Anderseits ist die genaue Kenntnis der Entfernungen für viele Zwecke, insbesondere auch für das Abfeuern der Torpedos unerläßlich. Einen Entfernungsmesser von genügender Basis mit dem Sehrohr zu verbinden, stößt nun aber auf erhebliche Schwierigkeiten, sofern man nicht Konstruktionen anwenden will, bei deren Gebrauch man Gefahr laufen könnte, vom Gegner vorzeitig gesehen zu werden.

Man begnügt sich deswegen im allgemeinen damit, die Entfernungen aus der Größe des Bildes bei bekannter Größe des Zieles zu bestimmen (Entfernungsmessung mit Basis am Ziel). Man bringt zu diesem Zweck in der Okularbildebene eine sogenannte Telemeterplatte an, d. h. eine planparallele Glasplatte, auf der eine Teilung bestimmter Art eingeätzt ist. Fig. 29 zeigt vier verschiedene Ausführungsformen solcher Telemeterplatten. Ursprünglich wählte man gewöhnliche Gradteilungen (a). Richtet man ein mit einer solchen Platte versehenes Sehrohr auf ein Objekt, derart, daß dessen Bild auf eine der beiden Teilungen zu liegen kommt, so kann man seine „scheinbare Größe", d. h. den Winkel, den man von seinem Standort aus nach den beiden Endpunkten des Objektes gezogen denken kann, unmittelbar in Graden ablesen. Die beiden Schenkel dieses Winkels schließen zusammen mit dem anvisierten Objekt ein gleichschenkliges Dreieck ein. Ist also auch die wahre Größe des gesehenen Objekts bekannt, z. B. die Schornsteinhöhe eines Schiffes, so ist damit auch das ganze Dreieck bestimmt.

Die Auswertung dieses Entfernungsdreiecks läßt sich aber wesentlich bequemer und anschaulicher gestalten, wenn die Teilung der Telemeterplatte in Prozenten erfolgt (b), d. h. sie gestattet dann unmittelbar abzulesen, wie groß das anvisierte Objekt in Prozenten seiner Entfernung ist. Werden also z. B. von der Strecke Oberkante Schornstein bis Wasserlinie 5 Teilungsintervalle überdeckt, so bedeutet dies, daß die Schornsteinhöhe 5% der momentanen Entfernung beträgt, oder umgekehrt, daß die Entfernung 20 mal so groß ist als diese Schornsteinhöhe.

Um für die Beobachtung, die doch die Hauptaufgabe des Sehrohrs bildet, die Mitte des Gesichtsfeldes möglichst frei zu halten, sind bei der Ausführungsform

Telemeterplatten.

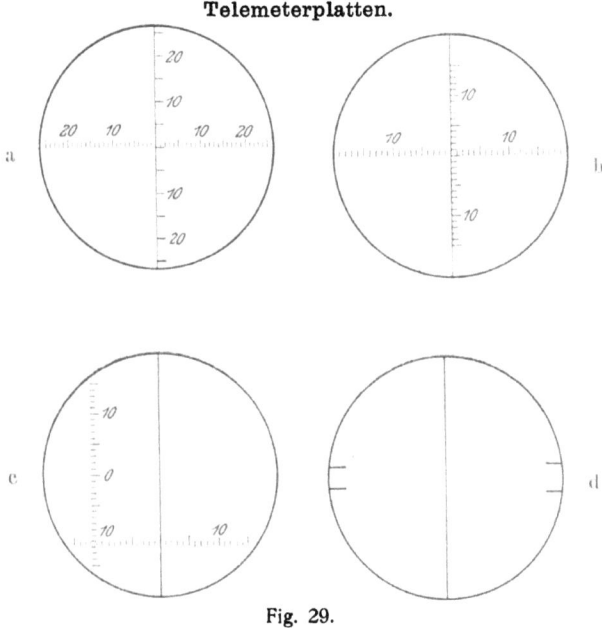

Fig. 29.

nach c die Teilungen nach dem Rand hin gelegt. Man kann aber noch weiter gehen und die beiden senkrecht zueinander stehenden Skalen auf getrennten, durch Schrauben verschiebbaren Platten anbringen, so daß man für gewöhnlich das Gesichtsfeld ganz frei hat und nur zum Zweck der Messung die eine oder die andere Skala nach der gewünschten Stelle zu bewegen braucht.

Schließlich kann man sogar die vollständigen Teilungen ganz weglassen, und nur, wie bei d, ein paar Meßmarken am Rand des Gesichtsfeldes anbringen, die einer bestimmten Schornsteinhöhe in bestimmter Entfernung entsprechen. Weicht die Bildgröße des Zieles von jener Markenentfernung ab, so kann man sie nach diesem Anhalt immerhin einigermaßen schätzen.

2. Fadenmikrometer. Genauere Resultate ohne den Nachteil zu vieler Striche im Gesichtsfeld erhält man, wenn man in der Bildebene des Sehrohres zwei durch eine Mikrometerschraube gegeneinander bewegliche Fäden anordnet. Die Entfernung der Fäden kann dann an einer Trommel oder an einer am Rande des Okulargesichtsfeldes angebrachten Skala abgelesen werden.

Immerhin haben alle diese Methoden den Nachteil, daß infolge der Schwankungen des Schiffes das gesehene Bild gegen die Skala in beständiger Bewegung ist, so daß es doch schon ziemlicher Übung bedarf, um seine Länge richtig schätzen zu können.

3. Doppelbildmikrometer. Von diesem Übelstand frei sind die sogenannten Doppelbildmikrometer, bei denen man im Okular zwei getrennte Bilder desselben Objekts sieht. Die Einstellung geschieht dann dadurch, daß man das eine Bild meßbar soweit gegen das andere verschiebt, bis z. B. der Fußpunkt des Zieles im einen Bild gerade den Kopf desselben im andern Bilde berührt; es dient also gewissermaßen jedes der Bilder als Meßmarke für das andere. Die hierzu erforderliche Verschiebung ist dann wieder ein Maß für den Gesichtswinkel, unter dem das Ziel erscheint. Da beide Bilder bei einer Bewegung des Sehrohrs sich im Gesichtsfeld des Okulars um gleiche Beträge bewegen, bleibt ihr gegenseitiger Abstand unverändert, so daß man auch bei stärkeren Schwankungen noch sicher messen kann.

Die Teilung des Okularbildes in zwei getrennte Einzelbilder kann auf verschiedene Weise erfolgen. Bei den älteren Doppelbildmikrometern, die ursprünglich zu astronomischen Messungen verwandt wurden, erzeugte man zwei auf der ganzen Fläche des Gesichtsfeldes sich überdeckende Bilder. Für terrestrische Messungen ist es jedoch zweckmäßiger, die beiden Bilder nur in einer schmalen Zone sich übergreifen zu lassen, in der die Einstellung erfolgt, während der weitaus größte Teil des Gesichtsfeldes sein normales Aussehen behält.

Ein solches Instrument (Goerz, Berlin) zeigt Fig. 30. Der Apparat, der vor das Okular aufgesteckt wird, besitzt als wesentlichsten Bestandteil zwei kreisförmige Glaskeile von gleichem Brechungswinkel, die durch einen Trieb gegeneinander verdreht werden können. In der Nullage nehmen beide Keile die entgegengesetzte Lage ein, so daß die Ablenkung, die der eine Keil hervorbringen würde, durch die des andern wieder aufgehoben wird. Man sieht also bei dieser Stellung der Keilkombination durch sie hindurch wie durch eine gewöhnliche Planparallelplatte. Dreht man aber die beiden Glaskeile gegeneinander um $180°$, so addieren sich ihre Wirkungen, d. h. ein durch sie gesehenes Bild würde um einen gewissen Winkelbetrag verschoben erscheinen. Diese vorgesetzte Glaskeilkombination verdeckt jedoch das Okular nur zur Hälfte. In der Nullage sieht man also das Bild unverändert, nur der kreisförmige Rand der Keile würde als verwaschene Linie das Gesichtsfeld durchschneiden. Dreht man dann die beiden

Doppelbildmikrometer zur Entfernungsmessung mit „Basis am Ziel"

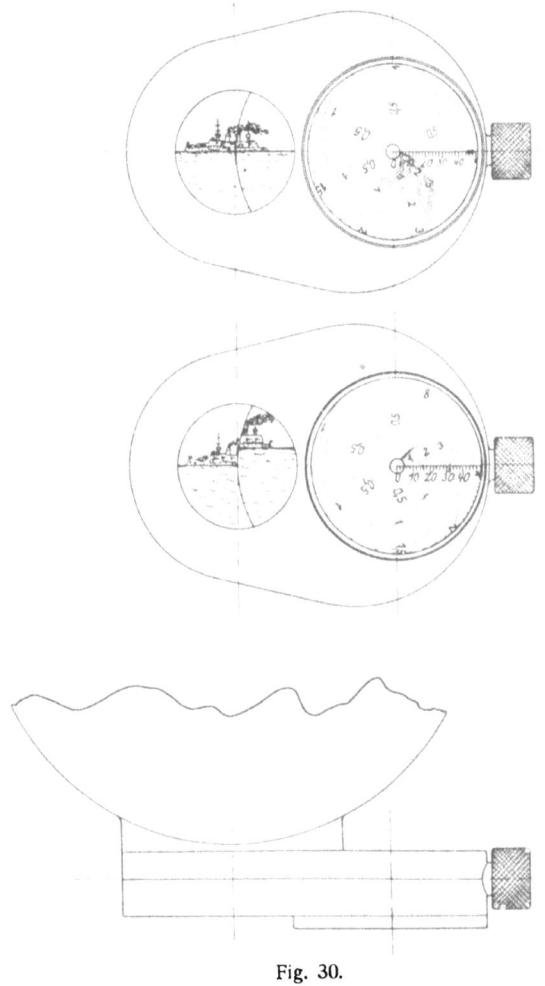

Fig. 30.

Keile gegeneinander, so wird der von ihnen beeinflußte rechte Teil des Gesichtsfeldes gegenüber dem direkt gesehenen linken Teil gehoben oder gesenkt erscheinen und die Größe der Drehung gibt ein Maß für die Verschiebung der einen Bildhälfte gegen die andere, also auch für die scheinbare Größe des anvisierten Zieles.

Um jedoch die dann noch übrigbleibende, wenn auch einfache Rechnung zu ersparen, ist an Stelle einer Teilungstrommel eine Scheibe mit einer Kurvenschar angesetzt. Jede Kurve entspricht einer bestimmten Entfernung. Davor befindet sich fest eine horizontale Skala für die in Frage kommenden Zielgrößen. Kennt man also diese letztere, so kann man an dieser Stelle die Entfernung unmittelbar ablesen.

Um schließlich noch einen Überblick über die Dimensionen und optischen Daten der zurzeit gebräuchlichen Sehrohre zu geben, sei noch folgende Tabelle mitgeteilt:

Bezeichnung	Länge	Außen-Durchm.	Vergrößerung V	Wahres Gesichtsfeld	Austrittspupille
Einfache Sehrohre			scheinbar natürliche Größe	bis 65°	
Panorama-Sehrohre					
Bifokale Sehrohre			scheinbar natürliche und 3- bis 6 fache	bis 65° bezw. 65°/V	4 bis 10 mm
Mattscheiben-Sehrohre	bis 7,5 m	75 bis 150 mm	annähernd natürliche Größe	bis 40°	
Kombinierte Okular-Mattscheiben- Sehrohre			scheinbar natürliche verkleinert	bis 50°	
Bifokale Okular-Mattscheiben- Sehrohre			scheinbar natürliche und 3- bis 6 fache verkleinert	bis 50°	
Kombinierte Ring-Mittelbild- Sehrohre			stark verkleinert scheinbar natürliche	360° u. 30°	bis 6 mm

Alle in dieser Tabelle enthaltenen Zahlen sollen natürlich nur einen ungefähren Anhalt über die Größenordnung der betreffenden Dimensionen geben.

Diskussion.

Der Vorsitzende, Herr Geh. Reg.-Rat Prof. Dr.-Ing. B u s l e y :

Wünscht jemand das Wort zu dem Vortrage des Herrn Dr. Weidert? — Das Wort wird nicht gewünscht. Dann habe ich Herrn Dr. Weidert nur noch unseren Dank auszusprechen. Herr Dr. Weidert hat uns auf ein Gebiet geführt, welches uns, den Schiffsbauern und Maschinenbauern, etwas fern liegt. Aber dank seiner klaren Ausdrucksweise und dank der vorzüglichen instruktiven Bilder ist es ihm gelungen, uns einen Einblick in die Werkstatt seines Schaffens zu gewähren. Für alle Mühe und alle Arbeit, der er sich in unserem Interesse für seinen Vortrag unterzogen hat, spreche ich ihm unseren wärmsten Dank aus. (Lebhafter Beifall.)

MIX
Papier aus verantwortungsvollen Quellen
Paper from responsible sources
FSC® C105338

If you have any concerns about our products,
you can contact us on
ProductSafety@springernature.com

In case Publisher is established outside the EU,
the EU authorized representative is:
**Springer Nature Customer Service Center GmbH
Europaplatz 3, 69115 Heidelberg, Germany**

Printed by Libri Plureos GmbH
in Hamburg, Germany